优良园林绿化树种与繁育技术

万少侠　刘小平　主编

黄河水利出版社
·郑州·

舞钢市凌云家庭农场有限公司

　　舞钢市凌云家庭农场有限公司，位于河南省舞钢市枣林镇高庄村。有林业工程师2名，技术人员5名，固定工人25名。这里交通便利，四通八达，距舞阳至泌阳省道4.5km，是舞钢市林业局林木种苗站重点林业绿化苗木生产基地，2018年被平顶山市林业局森防站评为"平顶山市无检疫对象苗木生产基地"。

　　基地繁育的优良绿化苗木有国槐、桂花、红叶石楠、大叶女贞、红叶李等30多个品种，苗木基地占地43.47hm²。2018年春，先后引进了香樱花、红梅、金叶国槐等优良树种。基地在林业部门的指导下采用地膜覆盖、使用生根粉以及应用病虫害防治等新育苗技术，苗木繁育工作稳步进行，优质苗木茁壮成长。生产的优质苗木先后销往新疆、内蒙古、郑州、许昌、平顶山、南阳等地，经济效益可观。

合欢

白玉兰

桃树花

欧美速生杨

北美海棠

北美红枫

枫杨

白皮松

海桐

海棠花

海棠花

小叶女贞

红花碧桃

桂花

红叶柳

红叶石楠

红枫

红叶李

黄山栾

黄山栾花期

雪松

金叶榆

香椿

香樟

石楠

日本晚樱花

国槐

银杏　　　　　　　　　金叶复叶槭

紫荆

美国竹柳

本书编委会

前　言

优良绿化树种,其种苗是园林绿化、植树造林的基础,种苗生产对生态林业、城乡绿化产业的生产发展、美化环境的应用、经济效益都有举足轻重的作用。优质绿化树种种苗生产的纯度、质量、数量,以及造林、生产、繁殖的使用,都将直接影响到苗木生产的产量、质量、效益、环保,以及可持续发展等一系列问题。在许多情况下优质绿化种苗生产状况直接影响造林绿化的景观、美化效果和产业的经济效益。优良绿化种苗繁育生产的规模和技术水平在一定程度上反映了一个时期或一个地区园林绿化产业的发展水平。林木种苗是造林绿化的物质根本,没有优良健壮的苗木,就不可能有良好的绿化成果或很好的果树基地。使用林木良种苗木绿化造林或建立果园,具有见效快、效益高、风险低等优点。

为了加强优良绿化树种苗木管理,提高苗木质量,培养品种纯正健壮的绿化苗木,培育出更多、更好的优质壮苗,以满足现代化林业生态建设的高速度、高质量发展植树造林和城市、乡村绿化美化的需要,我们组织园林、林业、农业行业具有丰富的专业技术经验的专家、技术人员等编写了本书,对当前在城乡一体化建设中,具有速生、快长、抗病虫、绿化效果美观、经济价值高等特征的优质绿化树种进行介绍。本书主要介绍了优良绿化树种、树种的习性、树种的作用价值、树种的繁育、树种的栽培等内容,以供国有林场苗圃、苗木繁育大户、职业中专学生等学习,林农在优良树种繁育工作中参考。

由于时间仓促,加之实践经验有限,本书不当之处在所难免,诚恳希望广大林农和林业工作者在生产实践中加以补充和修正,为今后优质绿化林业苗木繁育做出贡献。

编　者

2018 年 4 月

目　录

第三部分　花果观赏树种

第一部分　常绿树种

第一章　大叶女贞

大叶女贞树,又名高杆女贞,灌木或小乔木,是河南、河北、山东、山西等地常绿树种之一。其树冠圆整优美,树叶清秀,常绿。是城市乡村绿化、美化环境的优良种植树种;尤其是在园林城市绿化美化道路和小区景点、公园、美丽乡村等建设绿化中,具有很高的美化绿化价值。适应性强,并对多种有毒气体抗性较强,又是工矿区的抗污染树种。主要分布在我国河南、山东、长江流域及南方各省。

一、形态特征与生长习性

(一)形态特征

大叶女贞树,属灌木或小乔木树种,一般高 2.5~5.5 m,最高可达 9.5 m;其幼枝及叶柄无毛或有微小短柔毛,有皮孔。叶纸质,椭圆状披针形至披针形,长 3.81~4.9 cm,渐尖,基部通常宽楔形,下面主脉明显隆起,侧脉 8~14 对。圆锥花序长 6.9~15.7 cm,有短柔毛;花梗短,花冠筒和花冠裂片略等长;花药和花冠裂片略等长,4~5 月开花,果熟期 10~12 月,成熟时果皮呈蓝黑色,核果椭圆状,长 6.8~9 mm,果实成熟后不自行脱落,一直到第二年还在树上挂着。

(二)生长习性

大叶女贞树,属阳性树种,喜光,喜温暖环境。适生于深厚、肥沃、湿润的土壤,对土壤的适应性强,酸性、中性、碱性土及轻度盐碱土条件下均可生长。深根性,侧根广展,抗风力强。怕积水,不耐干旱和贫瘠。生长慢,寿命长。

二、大叶女贞树的繁育技术

大叶女贞树,其优质苗木繁育技术,主要采用种子播种和种条扦插两种技术方法。

（一）播种繁育技术

1. 采收种子

11～12 月，采集成年树上的种子，做到适时采收。果实成熟后并不自行脱落，可用高枝剪剪取果穗，去掉枝叶，捋下果实，用车轧或人工破坏外皮，搓去果皮，将果实浸水、洗净，在阴凉处自然风干。如不立即播种，可装袋干藏或用 2 份湿沙和 1 份种子混合后挖穴贮藏。

2. 种子沙藏

即用湿沙贮藏，目的是保湿，提高出芽率。贮藏的地点选择高燥地方，按深宽各 1 m 挖坑，长短视种子多少而定，坑底先铺 20～25 cm 的湿沙，沙的湿度以手握成团，一动即散为准。这样往上一层种子，一层沙，堆至离地面 20～30 cm，往上用湿沙填出地面，注意不让雨雪进入，防止种子受冻霉烂。

3. 苗圃地的选择

育苗地宜选土壤肥沃、疏松的壤土地，在 10 月中下旬，整地翻土、耕耙一遍越冬晾晒冻土；第二年，1～2 月每亩施入 50～100 kg 复合肥和 5 000～10 000 kg 农家肥作为底肥。同时，再次精耕细耙一遍，整平备播。

4. 大田种子的播种

（1）大田种子播种时期。一般 3 月上旬至 4 月中旬播种。

（2）大田种子播种量。种子用量为每亩 5.5～6.5 kg。

（3）大田种子播种方法。可采用人工撒播和条播法。播种前在 1 月底或 2 月初（农历年前后），及时在整好的地块内打畦，每畦 3～4 行，行距为 20 cm，同时，挑出 3～4 cm 深的沟，畦面宽 1 m，长短应根据地块长短、地势而定，畦间距 40～45 cm 即可播种。播种前将去皮的种子用温水浸种 1～2 天，然后播种。撒播种子繁育的，将种子撒在苗床，即畦内，大概播撒均匀即可。同时，喷洒透水并用地膜覆盖苗床，以利保持土壤疏松、湿润、有湿度，有利于种子发芽。条播繁育的，把种子和沙均匀撒入沟内，大叶女贞的种子破土能力较差，宜加大供种量，供种后覆土，用搂地耙搂平，保持湿润，可摆上喷灌管，不让地面干燥，一般 28～30 天可长出幼苗。关键是无论秋季播种、冬季播种还是春季播种,播种后盖土 1.2～1.5 cm,有条件的地方,在播种后覆盖一层杂草或麦糠等以保暖、保湿,从而提高种子的出芽率。

大田播种,有机播楼的条件,可以直播的,采回种子后,不经处理,拣去杂质,在整好的苗圃地块上,用机播楼直播即可。不过机播楼的缺点是,出芽时间长,必须保持湿度,浅播,深不超过 4 cm,播种量必须大等。

(4)种子播种后的管理。播种后,幼苗出苗前不要中耕,只保持湿润;等到幼苗出齐后,先浅锄一遍,7～10 天后再锄地松土,此时稍深点,以后每锄一遍加深一点,深度至 10～12 cm 为止。4 月下旬至 5 月中旬,要继续加强水肥管理,幼苗期苗圃地不能缺水,当幼苗长至 45～50 cm 时,可进行间苗。6～9 月以后,每隔 3～5 天中耕除草,苗木过稠时应间苗或移栽,管理及时,保持土地肥沃,水分充足,1 年可长 1～1.5 m 以上。

(二)扦插繁育技术

1. 种条贮藏

11 月中旬,人工剪取 1～2 个生长、无病虫害、健壮、直径为 0.3～1.4 cm 的母树上的枝条作种条,埋藏于湿润沙土内贮藏备用。

2. 种条处理

第二年,2～3 月取出种条在保护地扦插,剪接插条,把粗 0.3～0.4 cm、0.5～0.9 cm、1.0～1.5 cm 的插条分别捆成一捆即可。

3. 扦插时间

3 月中旬,整理作畦,宽 1.2 m,长 4～5 m。

4. 种条扦插

把种条剪接成长 15～20 cm,上端平口,下端斜口,上部留叶 1～2 片,将插条插入土中 2/3,株距 8～10 cm,插后 50～60 天生根,当年苗高达 70～120 cm。

三、肥水管理技术

大叶女贞树,播种繁育。其优质苗木繁育出苗时间较长,一般 30～35 天出苗,播种后最好在床面覆盖杂草保湿、保墒。幼苗出土后要及时松土除草,苗高 5～6 cm 或 40～50 cm 时分别进行间苗一次。幼苗怕涝,6～8 月,在雨季中要注意排水;但是,在 6～8 月,过分干旱时也要灌水,同时,肥水管理中追肥 1～2 次。每 20～30 天除草 1 次。1 年生的苗高可达到 70～120 cm。如培养大苗,需换床种植,2～4 年出圃。

(一)适时浇水

大叶女贞,应适时浇水,但是水分过量又容易引发病虫害。所以,一定要严格地控制好水分,在幼苗期需要每天进行喷水,以符合大叶女贞对生长环境水分的需求。喷水可以利用喷灌设施进行,这种方式既能保证水分散发的面积均匀,很好地保持地面土壤的湿度,又能合理地控制水分不会过量。喷水时间最好选择在每天上午的 8～10 时,或者下午的 16～18 时,水量每次以 1.5～2 小时为佳。

(二)科学施肥

大叶女贞,在苗期生长时不需大量的肥料,只要适当地追施叶面肥即可,可以选用水溶性化肥,以每 0.5 kg 化肥加水 10～20 kg 的比率,将溶液调配均匀,可用苗木叶面喷洒的方法进行。6～8 月,气温高,施肥的时间最好选择在下午 16～18 时进行,水量以将叶片完全喷洒均匀为标准,10～15 天进行一次叶面喷洒即可。

(三)光照遮阳

6～8 月,气温高,在光照特别强的时候,要及时拉开遮阳网,以避免强光带来高温,灼烧幼苗和影响到小苗的生长速度。下午 16 时以后,光照较弱时要把遮阳网收拢起来,释放阳光供给幼苗。这一工序一定要实施,因为幼苗不需要太强的阳光,所以建立遮阳网遮阴防晒,如果没有遮阳网,幼苗经常发生灼烧,轻时苗木焦枯,重时苗木死亡。建立遮阳网就像个阴凉棚一样,能带给植株一个舒适的环境,使其可以安全、健康生长。

(四)及时除草

6～8 月,气温高,墒情好,苗木和杂草一样生长快,要及时除草。苗期处理杂草的方法:一是人工清除,主要及时处理苗圃畦内的杂草;二是药物清除,主要清除人工作业区内的杂草,这些地方的杂草可以选用除草剂来清除,将除草剂调配成 400～500 倍液,直接喷洒在没有幼苗的地方即可。特别注意的是,人工除草时要细心认真,以避免伤害到新生幼苗植株的根须。

四、主要病虫害的发生与防治

(一)主要虫害的发生与防治

1.主要虫害的发生

大叶女贞树,其主要害虫是斑衣蜡蝉、日本龟蜡蚧、女贞尺蠖等;主要危害叶子、枝梢。发生规律:5～9 月,气温高,雨水多、墒情好,是集中发生危害的时期。害虫大多在苗木叶子背面或枝干上重叠交替发生。

2.主要虫害的防治

主要防治方法:一是根据害虫的趋光性,每亩挂诱杀灯一个,诱杀成虫,减少幼虫的发生量;二是在幼虫发生期及时喷布生态药物防治。如斑衣蜡蝉发生,于若虫孵化初期喷洒乐斯本乳油 3 000 倍液或 4 月上旬对苗木喷洒 10% 吡虫啉可湿性粉剂 2 000 倍液或苦参碱可溶性液剂即可;对日本龟蜡蚧,可在 5 月下旬至 7 月,其初孵若虫盛期,喷洒 95% 蚧螨灵乳剂 400 倍液或 10% 吡虫啉可湿性粉剂 2 000 倍液;对女贞尺蠖,在 6 月下旬至 8 月,幼虫大发生时,及时喷洒 20% 除虫脲 6 000～7 000 倍液防治。一般情况下,每隔 10～15 天喷洒一次即可。

(二)主要病害的发生与防治

1.主要病害的发生

大叶女贞树,主要病害为煤污病、褐斑病等。其中褐斑病在 7～9 月发生,褐斑病主要危害大叶女贞的叶片。发病初期叶片会出现红褐色小斑块,斑点周围有紫色晕圈,斑块上着生有黑色霉状物。随着病情的发展,数个病斑可相互连接,最后整个叶片焦枯脱落。女贞煤污病在 8～9 月发生,主要危害大叶女贞的叶片和枝干。发病初期叶片上会出现圆形黑色霉点,有的沿主脉扩展,此后逐渐增多,形成大片黑色覆盖物,影响叶片光合作用。

2. 主要病害的防治

防治方法：一是苗圃地忌连作种植，栽植前应用五氯硝基苯或福尔马林等对土壤进行消毒处理；二是加强修剪，保持通风透光，加强水肥管理，不偏施氮肥，苗圃地要防止积水；三是在苗木生长期，喷布药物，及时喷施 75% 百菌清可湿性粉剂 800 倍液或 70% 甲基托布津可湿性粉剂 1 000 倍液或 70% 代森锰锌 400 倍液或 60% 退菌特可湿性颗粒 600 倍液进行防治，每 7～10 天喷施一次，连续喷 3～4 次即可。

第二章　樟树

　　樟树,又名香樟、小叶樟等,属常绿乔木树种。其树冠球形,树势枝繁叶茂,树姿高大优美,四季常绿,是我国城市乡村绿化的优良树种,又是我国的珍贵用材树种之一,很受人们喜爱。其主要分布在河南南部、长江流域以南的湖北、湖南、江西、浙江地区。近年来,随着城乡绿化建设的发展,在河南省的郑州、许昌、商丘、平顶山、周口、漯河、驻马店、信阳、南阳等部分地区种植。樟树是我国常绿阔叶林的重要树种。因树冠圆满,枝叶浓密青翠,树姿壮丽,又是优良的庭荫树、行道树、风景林、防风林树种。在园林绿化中孤植草坪、湖滨、建筑旁等地,尤其是炎夏浓荫铺地,深受人们喜爱。其丛植时,配置各种花灌木,或片植成林作背景都很美观。又是良好的造林树种。

一、形态特征与生长习性

(一)形态特征

　　樟树,属常绿高大乔木,高达 25 ~ 30 m,胸径 2 ~ 5 m。树冠近球形。树皮灰褐色,纵裂,小枝无毛。叶互生,椭圆形;先端尖,基部宽楔形,近圆;叶缘波状,下面灰绿色,有白粉,薄革质,离基三出脉,脉腋有腺体。花序腋生,4 月上中旬开花,花期 4 ~ 5 月,花小,黄绿色。果实,浆果球形,紫黑色,果托杯状。果熟期 8 ~ 11 月。

(二)生长习性

　　樟树,喜光,幼苗幼树耐荫。喜温暖湿润气候,耐寒性不强(最低温度 -10 ℃),在河南省平顶山、江苏省南京等地樟树常遭冻害,叶子干枯死亡,干部皮色褐色或褐红色。在深厚肥沃湿润的酸性或中性黄壤、红壤中生长良好,不耐干旱瘠薄和盐碱土,耐湿。萌芽力强,耐修剪。抗二氧化硫、臭氧、烟尘污染能力强,能吸收多种有毒气体。较适应城市环境,耐海潮风。深根性,生长快,寿命长,可达千年以上。

二、樟树的繁育技术

樟树的苗木繁育主要采用播种、扦插或萌芽更新等方法。以播种为主。一年生或二年生的幼苗怕冻,苗期应移至保护地培育或防寒保护生长繁育。作为绿化种植的苗木,应培育选用胸径 5 cm、高 2 m 以上的大苗。其播种繁育技术介绍如下。

(一)种子的采收

1. 种子采收时期

10 月中旬至 11 月下旬,进入成熟期,可选择优良健壮的樟树母树采收种子。樟树种子圆形、呈球状,直径在 0.5 ~ 0.7 cm。每年 10 月中旬至 12 月上中旬,樟树种子的果皮由青变紫,逐渐变为黑色,且柔软多汁,即采摘。过迟采收,则会被鸟啄食或掉落散失、变质,采不到优质饱满的种子;过早采收,则未充分成熟,处理困难,发芽力差,生命力弱,影响种子出芽率。樟树种子的采收要适时进行。

2. 采收方法

樟树种子的采收方法是,在 10 月中旬至 11 月下旬,樟树种子的成熟期,选择天气晴好日子,用麻袋片或草席等铺在优良健壮的母树下,人工将已成熟的种子用高枝剪采下果穗,或用长杆轻击果枝,震落熟透的果实,未熟的果实仍留在树上,这样,既可分期采摘成熟的果实,又不会损伤母树和影响母树来年的产量。樟树果实着生于枝梢,利用采种器科学采集也极为方便。

3. 种子采收的处理

采收后的樟树种子应堆放在阳光较好的地方或有遮阴棚的地方晾晒,这样经过在阳光下堆放 7 ~ 15 天,利用太阳光照加温,使采收后的樟树种子自然腐烂,然后用清水洗、人工搓去种皮,把清洗干净的种子放在背阴处或遮阴棚下面摊晒 1 ~ 2 天,摊晒种子的厚度以 3 ~ 5 cm 为好,不宜太厚,摊晒种子的时候可用竹耙翻动种子,加快种子的晒干速度。樟树果实属于浆果状核果,容易发热发霉变质,应尽量做到当天采收当天处理,切忌堆积过久,否则发芽率很低。一般每 50 kg 鲜果,可得纯种 12 ~ 15 kg。每千克种子一般为 7 200 ~ 8 000 粒,发芽率一般为

70%～90%。然后在 12 月选择干燥的地方挖沟贮藏保存。

4. 种子采收的贮藏

樟树的种子,在成熟期采收后,即使给予适宜的发芽条件也很难发芽,这种现象称为种子的自然休眠。休眠期的种子需要经过 60～70 天的贮藏,并且在一定的低温(1～7 ℃)、湿润和通气条件下,缓慢吸水,在酶的参与下,把复杂的有机物质转变为简单的有机物质,逐步完成后熟的过程,种子才能具有发芽力。春播的樟树种子,即 3 月播种的樟树种子,必须经人工层积贮藏,才能完成后熟作用,使其第二年繁育苗木出芽一致,达到出苗整齐。人工层积贮藏的方法:选择高燥、凉爽的地方,挖长×宽×深为 100 cm×100 cm×100 cm 的土坑,坑底铺 10 cm 厚湿沙,然后将湿沙和种子按3∶1的比例混合或分层放入坑内,当距离地面 20 cm 时,再盖湿沙与坑口相平,最上面覆盖 20～30 cm 厚的细土并呈鱼脊形,防止雨水流入坑内。3 月上旬,当种子 60～70 天的贮藏期过后即可取出大田播种。

(二)苗圃地的选择和整理

1. 苗圃地的选择

为了提高造林绿化苗木的成活率,促使苗木快速生成和便于管理及苗木的销售,樟树苗木繁育地应选择建立在土层肥沃、深厚,排水和浇灌良好,光照充足,管理、交通运输方便的地方。樟树喜欢光照,其主根强大,根系比较发达,同时樟树具有喜温喜湿、适应性强、生长较快、寿命较长的特点,并且在土层深厚、肥沃的平地四旁,河滩冲积等地生长最好。樟树苗木繁育地点很重要,应该科学地选择。

2. 苗圃地的整理

苗圃地要经过两次整地,第一次整地在 10 月进行,要精耕细作,经过寒冷的冬天冻晒 4～5 个月,有利于春季播种;第二次整地在第二年的 3 月上旬,即播种前再次进行精耕细耙土地一次,同时要施足基肥,基肥一般用腐熟的农家肥,每亩 3 500～5 000 kg 或碳铵化肥 50～60 kg、磷肥 60～70 kg,然后把苗圃地制作成畦,一般畦长 35～50 cm,畦宽 120～140 cm 即可。注意在翻耕时一定要施入有机肥作基肥,以改良土壤、增加肥力,起到保暖保温、促进樟树种子提早发芽的作用。

（三）种子播前的催芽

樟树种子播前催芽:2~3月上旬,要对种子进行播种前催芽,种子催芽的目的是提高种子出芽率,使出苗一致、整齐。种子催芽的方法:可用48~50 ℃的温水浸种50~60分钟,当温水冷却后,倒出水,再次换50 ℃的水,这样重复浸种3~4次,可使种子提早发芽10~15天。另外,可用塑料薄膜包放种子的催芽法,即把混有河沙的种子,用薄膜包好,放在阳光照射强的地方晾晒3~5天,每天人工翻动3~4次,并保持塑料薄膜内沙的湿润,水分不足时,喷水一次,3~5天后,发现有少量种子开始发芽时即可下地播种。

（四）苗圃大田的播种

3月上中旬,开始播种。一般采用人工条播的方法进行,即行距采用18~20 cm,播种深度2~3 cm即可,每亩播种量12~16 kg。为了保持苗圃地墒情好、土壤表土湿润,以利种子发芽整齐一致、出芽率高,可用地膜进行大田覆盖,覆盖后加土、压严防止风吹。播后20~30天即可发芽,而且发芽整齐。种子萌芽以后,要及时揭除覆盖物。

三、肥水管理技术

（一）人工间苗

3月下旬至4月上旬,在幼苗出土后,应及时人工揭去地膜,待幼苗长出3~5片真叶时,就可以开始人工间苗,苗高10~15 cm可进行定苗。每亩保持幼苗18 000~20 000株即可。

（二）加强肥水管理

6~8月,气温高,此时要加强肥水管理,要经常除草、松土。同时,追肥一般2~3次即可,前两次每亩可用复合化肥8~12 kg,最后一次施用复合化肥6~8 kg。

（三）越冬防寒保护

10月上中旬,1年生苗木可达40~50 cm以上,地径达0.5~0.7 cm以上。11月后,及时做好苗木的越冬防寒保护,防止冻伤或冻死幼苗。

（四）分株移植大田管理

繁育的幼苗,在第二年 2~3 月,即可分株,按照 50 cm×80 cm 的株行距移植到大田,连续加强肥水管理 3~4 年以上,可以培植成大苗出售。

四、主要病虫害的发生与防治

6~9 月,气温高、干旱,樟树主要发生的病虫害是樟蛱蝶、樟叶蜂、樟巢螟、茶蓑蛾、刺蛾、樗蚕蛾、白蚁和黄化病、樟树溃疡病等。以下分别介绍。

（一）主要虫害的发生与防治

1. 茶蓑蛾的发生与防治

（1）茶蓑蛾的发生。茶蓑蛾,又名吊死鬼。其发生规律是一年发生 2~3 代,以 3~4 龄幼虫在护囊内越冬,6 月底到 7 月初第一代幼虫开始为害,9 月第二代幼虫发生为害。

（2）茶蓑蛾的防治。主要防治方法:一是人工摘除其 3~4 龄幼虫护囊;二是用黑光灯诱杀成虫;三是在幼虫期喷洒灭幼脲 2 500~3 000 倍液、除虫脲 1 500 倍液、烟参碱 2 000~3 000 倍液、晶体敌百虫 1 200~1 500 倍液等药剂防治。

2. 刺蛾的发生与防治

（1）刺蛾的发生。刺蛾,又名洋辣子,主要危害叶片。刺蛾的发生规律是一年发生 2~3 代,以老熟幼虫在茧内越冬,茧可见于树干和树下土壤,以 7~8 月为害较重。

（2）刺蛾的防治。主要防治方法:一是冬季人工清除树干、枝梢上的越冬茧;二是 5~7 月用灯光诱杀成虫;三是在幼虫期喷洒 Bt 2 500~3 000 倍液、灭幼脲 2 500~3 000 倍液、除虫脲 1 500 倍液、敌杀死 1 000~1 200 倍液等药剂防治。

3. 樗蚕蛾的发生与防治

（1）樗蚕蛾的发生。樗蚕蛾,又名大蚕蛾。其幼虫危害多种树木叶子。樗蚕蛾的发生规律是 1 年发生 2 代,以蛹在杂灌木上结茧越冬。5 月上旬成虫羽化产卵,分别在 5~6 月或 9~11 月发生幼虫危害,这个时期为幼虫期,1~2龄幼虫喜欢群集为害,成虫飞翔能力强,喜欢下午或傍晚前后活动,能够潜飞2~5 km,有趋光性。

（2）樗蚕蛾的防治。主要防治方法:一是在幼虫集中发生期,人工捕杀幼虫或摘除树冠茧包烧毁及土壤深埋;二是根据成虫有趋光性的特点,采用灯光诱杀成虫,具有良好的诱杀效果;三是分别在5~6月或9~11月发生幼虫危害的幼虫期喷洒除虫脲1 000~1 200倍液或敌百虫800~1 000倍液等药剂防治。

4. 樟蛱蝶的发生与防治

（1）樟蛱蝶的发生。樟蛱蝶,又名花蝴蝶、绿蝴蝶等。形态特征:成虫体长35~37 mm,翅展64~69 mm,体背、翅红褐色,腹面浅褐色,胸部腹面中央白色。触角黑色,长19 mm。后胸、腹部背面,前、后翅后缘近基部密生红褐色长毛。前翅外缘及前外半部带黑色,中室外方饰有白色大斑,后翅有尾突2个,长3.1 mm。卵半球形,高1.8 mm,深黄色,散生红褐色斑点。幼虫体长54 mm左右,绿色,头部后缘有骨质突起的浅紫褐色四齿形锄枝刺,第3腹节背中央镶1个圆形淡黄色斑。蛹长24 mm,粉绿色,悬挂叶或枝下,稍有光泽。生活习性:1年3代,以老熟幼虫在背风、向阳、枝叶茂密的树冠中部的叶面主脉处越冬。翌年3月活动取食,4月中旬化蛹,5月上旬前后羽化成虫;5月中旬产卵,5月下旬幼虫孵化,各代幼虫分别于6月或8~9月及11月取食为害。7月下旬第1代成虫羽化,成虫常飞至栎树伤口,以伤口流汁补充营养。随后交尾,产卵,卵多产于樟树老叶上,嫩叶上很少。卵散产,一般1叶1粒卵,初孵化幼虫先取食卵壳,后爬至翠绿中等老叶上取食,老熟幼虫吐丝缠在树枝或小叶柄上化蛹;10月上旬第2代成虫羽化。第3代于10月下旬出现,12月上旬前后末龄幼虫陆续越冬。一般卵期为6天左右,第1代幼虫期40天,第2代30多天,第3代约161天,蛹14~17天,成虫寿命14天左右。危害症状:其幼虫取食叶片,严重为害者食尽叶片,仅留主脉及叶基残叶,影响林木生长和观赏。

（2）樟蛱蝶的防治。主要防治方法:一是在幼虫期喷80%敌敌畏乳油或90%晶体敌百虫1 000~1 500倍液喷杀,或用50%杀螟松乳油800倍液、50%溴氰菊酯1 500倍液喷杀;二是在樟树苗较集中成片苗地,可人工采集蛹和卵灭杀防治。

5. 白蚁的发生与防治

(1)白蚁的发生。白蚁,又名白蚂蚁、土白蚁等。属土、木两栖性,群体较大(上万数亿),且比较集中,蚁巢建在树下、土壤中等隐蔽处;工蚁通过蚁路到各处摄食,通过长翅繁殖蚁完成群体的扩散繁殖,繁殖蚁分飞对温度、湿度、气压、降雨等条件要求比较严格。6月下旬至8月为为害高峰期,主要危害枝干。

(2)白蚁的防治。主要防治方法:一是在蚁道放置"蚁克"等诱杀剂,诱杀害虫;二是在林木生长管理中,避免树木的机械损伤或人为伤害树干;三是加强养护管理,及时给树木补洞,提高树木树势,增加抗寒、抗旱、抗病的能力。

6. 樟叶蜂的发生与防治

(1)樟叶蜂的发生。樟叶蜂,又名叶蜂,主要危害叶子。其发生规律是,1年发生2~3代,以老熟幼虫在土壤中结茧越冬,4月下旬出现第一代幼虫,6月上中旬出现第二代幼虫,有世代重叠现象。初孵幼虫群集叶背取食叶片,以后分散取食,造成叶片出现缺刻和孔洞,严重时可将树叶全部吃光。

(2)樟叶蜂的防治。主要防治方法:一是在幼虫期及时喷洒杀虫素或喷布灭幼脲2 000~3 000倍液等药剂防治;二是在冬季人工挖除越冬茧。

7. 樟巢螟的发生与防治

(1)樟巢螟的发生。樟巢螟,又名樟叶瘤丛螟,属鳞翅目螟蛾科。主要危害小胡椒、香樟等树的枝梢,在香樟栽植的地方均有发现。形态特征:成虫体长12.5 mm,翅展24~30 mm,前翅深棕色,中间有2条波状纹横线,后翅棕灰色,头部和全身灰褐色。卵褐色略带黄色,集中排列成鱼鳞状。幼虫老熟时长21~24 mm,全身黑褐色,背面有5条深褐色纵带。蛹长10~15 mm,棕褐色,腹末尖,具钩状臀刺。茧长7~13 mm,宽3.5~10 mm,扁椭圆形,土黄色或土褐色。发生规律:此虫在江苏地区1年发生2代,第一代整齐,第二代有少数出现世代重叠现象。7~8月幼虫、成虫同时出现。以老熟幼虫9月中旬后在被害香樟树根四周松土层内结茧越冬。翌年 5 月中旬始见成虫,羽化后成虫 1 ~ 2 天后交尾,一周左右产卵。卵多产于叶背。7 ~ 10 天后见幼虫。初孵幼虫取食卵壳,后群集危害啃食叶肉。1 ~ 2 龄时一边食叶,一边吐丝卷叶结成 10 ~ 20 cm 大小不一的虫巢。同一巢内虫龄相差很大。每巢有 2 ~ 20 头幼虫不等。每巢用叶 3 ~ 10 片不等,幼虫深居巢内,巢由丝、虫粪、枝、叶合成,有丝结成的虫道,幼虫在虫道内栖息。受震时,纷纷吐丝离巢,悬空荡漾,或坠地逃逸。白天不动,傍晚取食,当巢边叶片食完后,则另找新叶建巢。9 ~ 10 月,幼虫落地入土结茧越冬。特别注意的是,幼虫的危害状很特殊,常将新梢枝叶缀结在一起,连同丝、粪粘成一团,取食叶片危害,远看似鸟巢状。

(2)樟巢螟的防治。主要防治方法:一是在 7 月上旬至 9 月上中旬,幼虫活动期,傍晚前后喷布 90% 敌百虫或 50% 马拉硫磷或 80% 敌敌畏 1 000 ~ 1 200 倍液进行防治;二是人工及时摘除树干上的虫巢,集中烧毁;三是利用成虫趋光的特性,用黑光灯诱杀成虫;四是在入冬后,冬季结合施肥深翻树冠下土壤,冻死土中越冬结茧的幼虫或蛹;五是在幼虫发生初期,喷洒 Bt 500 ~ 800 倍液,灭杀幼虫;六是利用甲腹茧蜂和保护天敌甲腹茧蜂等,甲腹茧蜂是樟巢螟的天敌,在 5 ~ 6 月上中旬,不喷药,利用冬春挖出的虫茧放沙笼内收集甲腹茧蜂,并适时将天敌放回树上,消灭樟巢螟,减少来年发生量。

(二)主要病害的发生与防治

1. 黄化病的发生与防治

(1)黄化病的发生。发生症状表现:樟树的病树叶片不同程度发黄,树势衰弱,严重者叶黄白色、质薄,叶尖与叶缘有焦枯斑,容易受冻害。叶稀少,树冠萎缩,逐渐衰竭枯死。发生规律:属生理性病害,主要是因为土壤条件不适宜,有效铁含量偏低。另外,根系和树皮受损伤较严重时也可导致樟树发生黄化病。病树的叶片全年均表现出黄化症状,无明显发病周期,幼树与新移植不久的樟树黄化比例较高,同一病株冬春两季黄化较重,新叶黄化重于老叶等。

(2)黄化病的防治。主要防治方法:一是以预防为主,选用优良壮苗,适地适树,精心栽培管理;二是科学施肥,尤其是在根部追施鸡粪或猪肥＋硫酸亚铁＋尿素（5∶0.5∶0.125）等有机复合肥,以提高树势,减少病害的发生;三是喷布药物,3 月上旬,及时喷布百菌清 500～800 倍液,或用 0.5% 硫酸亚铁＋0.05% 柠檬酸水溶液或 2% 硫酸亚铁＋0.2% 柠檬酸＋3% 尿素＋0.02% 赤霉酸水溶液＋新高脂膜 800 倍液进行叶面喷雾防治。

2. 樟树溃疡病的发生与防治

（1）溃疡病的发生。溃疡病的发病症状:该病为全株性传染病,病害主要发生在树干和主枝上,不仅为害苗木,也能为害大树。感病植株多在皮孔边缘形成分散状、近圆形水泡形溃疡斑,初期较小,其后变大呈现为典型水泡状,泡内充满淡褐色液体,水泡破裂,液体流出后变黑褐色,最后病斑干缩下陷,中央有一纵裂小缝。受害严重的植株,树干上病斑密集,并相互连片,病部皮层变褐腐烂,植株逐渐死亡。

其主要发病时间为 4 月上旬至 5 月期间,以及 9 月下旬,在病害发生高峰时期,做好及时防治。

（2）溃疡病的防治。根据溃疡病的发生时期,主要防治方法:一是及时清除苗圃或林地中的濒死树木或已经死亡的植株,减少病害的发生和蔓延;二是喷药,在发病初期,对树干喷布 5 波美度石硫合剂,或用多菌灵或敌百虫 20～30 倍液进行全株涂抹,7 天内连续用药 3～4 次即可。

第三章　冬青

冬青树,又名北寄生,是开花常绿乔木树种。冬青枝繁叶茂,树形优美,枝叶碧绿青翠。是公园篱笆绿化首选苗木,多被种植于庭园作美化用途,在公园、小区、庭园、绿墙和高速公路中央作隔离带。冬青移栽成活率高,恢复速度快,是园林绿化中使用最多的灌木,其本身青翠油亮,生长健康旺盛,观赏价值较高,是庭园中的优良观赏树种。宜在草坪上孤植,门庭、墙边、园道两侧列植,或散植于叠石、小丘之上,葱郁可爱。冬青采取老桩或抑生长剂使其矮化,用于制作盆景。冬青树冠高大,四季常青,秋冬红果累累,宜作庭荫树、园景树。主要分布于我国河南、山东及长江流域及以南地区,该树为国家重点保护植物。

一、形态特征与生长习性

(一)形态特征

冬青树,常绿乔木,平均高 13～20 m。树形整齐,树干通直。其树皮灰色或淡灰色,有纵沟,小枝淡绿色,无毛;叶薄革质,狭长椭圆形或披针形,顶端渐尖,基部楔形,边缘有浅圆锯齿,干后呈红褐色,有光泽。花瓣紫红色或淡紫色,向外反卷。果实椭圆形或近球形,成熟时深红色。树皮灰青色,平滑不裂,雌雄异株,花序生于当年生枝叶腋,花淡红色;果为核果,椭圆形,深红色。花期5～6月,果长球形,成熟时红色,长 10～12 mm,果熟期 10～11 月。

(二)生长习性

冬青树,喜光,耐阴凉,不耐寒,喜肥沃的酸性土,较耐湿,但不耐积水。深根性,抗风能力强,萌芽力强,耐修剪。对有害气体有一定的抗性。为亚热带树种,喜温暖气候,有一定耐寒力。适生于肥沃湿润、排水良好的酸性土壤。萌芽力强,耐修剪。对二氧化碳抗性强。常生于山坡杂木林中,生于海拔 500～1 000 m 的山坡常绿阔叶林中和林缘。

同时,冬青也适宜在草坪上孤植,门庭、墙际、园道两侧列植,或散植于叠石、小丘之上。冬青常采取老桩或抑生长使其矮化,用于制作盆景。冬青适宜种植在湿润半阴之地,在肥沃土壤中能生长良好,在一般土壤中生长次之,对环境要求不严格。

二、冬青树的繁育技术

冬青树主要繁育技术方法:一是播种繁育技术,因种子有隔年发芽的特性,所以必须采取低温贮藏方法,即低温湿沙层积一年后才能播种出苗木;二是扦插繁育技术,其苗木生长较慢、效益差。

(一)播种繁育技术

1. 苗圃地的选择

选择交通便利、土壤湿润半阴,土壤肥沃、浇灌方便的地方。

2. 采种时期

秋季果熟后,即9月底或10月上旬,即可采收饱满、颜色鲜艳的果实作为种子。

3. 采种方法

主要是人工剪枝、剪果穗。

4. 种子处理与播种

人工搓去果皮,用清水漂洗干净,将种子用湿沙低温层积处理进行催芽,在次年春季3月前播种。幼苗期生长缓慢,要精心加以养护管理。冬青种子如不催芽处理,往往要隔年才能发芽。

(二)扦插繁育方法

1. 扦插时间

在7~8月,采取嫩枝扦插繁育苗木。

2. 插穗处理与扦插

插穗长6~9 cm,剪去下部叶片,只留1~2片叶片并短截,插深1/2,需用沙土为基质,插后搭棚遮阴,经常喷水,保持湿润,30~35天后即可生根。

3. 扦插后的管理

可先从树冠中上部斜剪,取长5~10 cm、生长旺盛的侧枝剪除下部小叶,上部叶片全部保留。然后用生根粉处理,剪口向下扦插于苗床内。苗床地宜选择在通风、耐阴之处,亦可遮阳扦插,成活率极高。

三、肥水管理技术

(一)适时浇水

冬青树,是喜阴湿性树种。在幼苗期需要每 3～5 天喷水一次,喷水可以利用喷灌设施进行,这种方式既能保证水分散发的面积均匀,很好地保持地面土壤的湿度,又能合理地控制水分不会过量。

(二)科学施肥

在苗木生长期不需大量的肥料,只要适当地追施叶面肥即可,可以选用水溶性化肥,以每 0.5 kg 化肥加水 10～20 kg 的比率,将溶液调配均匀,可用苗木叶面喷洒的方法进行。

(三)光照遮阳

6～9 月,气温高,在光照特别强的时候,要及时拉开遮阳网,以避免强光带来高温,灼烧幼苗和影响到小苗的生长速度。遮阳网就像个阴凉棚一样,能带给植株一个舒适的环境,使其可以安全、健康的生长。

(四)及时除草

6～9 月,气温高,墒情好,苗木和杂草一样生长快,要及时除草。特别注意的是人工除草时要细心认真,以避免伤害到幼苗植株的根须。

四、主要病虫害的发生与防治

(一)主要虫害的发生与防治

1. 主要虫害的发生

冬青树,其主要害虫是危害叶子的害虫木虱,一年 5～6 代,在苗木生长期,木虱经常以成虫、若虫、卵三种虫态并存,交替发生危害。

2. 主要虫害的防治

防治方法:在 3 月底或 4 月中旬,用 4.5% 高效氯氰菊酯 1 000 倍液喷洒,可以毒杀越冬木虱,每周 1 次,连续 3 次即可防治木虱的危害。可在梅雨季节前 4～5 月,每 8～10 天喷洒一次波尔多液或石硫合剂。

（二）主要病害的发生与防治

1. 主要病害的发生

冬青树,其病害以叶斑病为主。叶斑病发病表现为:叶病斑初期呈圆形,后扩大呈不规则状大病斑,并产生轮纹,病斑由红褐色变为黑褐色,中央灰褐色。茎和叶柄上病斑褐色、长条形等。

2. 主要病害的防治

在发病初期,用75%百菌清可湿性粉剂500~600倍液喷洒或用多菌灵1 000倍液喷布防治即可。

第四章　侧柏

　　侧柏树,又名香柏树、扁柏树、柏树。是常绿乔木树种,树高达 8 ~ 20 m,胸径在 30 ~ 100 mm 以上。幼树树冠卵状圆锥形,老树树冠呈不规则广圆形。树皮灰褐色,薄条片状裂。树叶直展扁平,排成平面,两面相似。叶呈鱼鳞形,长 1 ~ 3 mm,交叉对生,先端钝尖。雌雄同株。雌球花蓝绿色被白粉。球果卵圆形,成熟后红褐色开裂。种子卵状椭圆形,深褐色。花期 3 ~ 4 月;种子 10 月成熟。侧柏树姿优美,枝叶苍翠,广泛用于盆景和道路绿化带、园林绿篱、纪念堂馆、陵墓以及寺庙等地。侧柏树是我国最古老的园林树种之一。

　　侧柏树,喜欢光照,幼树和树苗具有耐荫能力,抗风能力较差,抗寒性较强,喜欢湿润、耐干旱、耐贫瘠、不耐水淹,可以在微碱性以及微酸性的土壤环境下成长,其成长速度缓慢,具有极长的寿命,是园林绿化的优良树种。同时,侧柏木质具有良好的软硬度,耐腐力强,有香气,木质细致,可以用于细木工、家具制作以及建筑等行业。侧柏的树皮、叶子、树根以及种子可以作为药材,其种子榨油可以用于药、食用。主要分布在我国河南、河北、山东、山西、陕西等地。

一、形态特征与生长习性

(一)形态特征

　　侧柏树,常绿乔木,其成材后,树高可以达到 8 ~ 20 m,树冠圆锥形,树皮薄,呈薄条状或鳞片剥落,分枝多,上举而扩展,树皮条片状纵裂,呈现灰褐色。枝条排列整齐,呈垂直的扁平面;树叶呈现鳞状,亮绿色;中央叶呈现菱形,树叶背面有腺槽,当两侧叶与中央叶交互对生时,产生雌雄同株的异花。异花单独生长于枝叶顶部,球果呈现卵形,当接近成熟后,由蓝绿色变为白粉色,种鳞呈现红褐色,成熟后张开,种子脱出,其种子熟后变为木质而硬,呈现灰褐色、卵形,有棱脊、无翅。侧柏幼树树冠呈现尖塔形,成熟后,枝叶扁平,呈现广圆形,花期为 3~4 个月,种熟期为 9~10 个月。

(二)生长习性

侧柏树,属于温带阳性植物,其野生和人工栽培在我国都十分常见。侧柏喜欢生长在光照充足、土壤肥沃、湿润的地方,抗盐碱、耐寒、耐旱、耐贫瘠,可在干燥的山地中生长,其生长速度缓慢。侧柏侧根比较发达,寿命长、耐修剪以及萌芽性强,抗氯化氢、二氧化硫以及烟尘等有害气体,在我国分布十分广泛,是我国重要的绿化、观赏树种之一。

二、侧柏树的繁育技术

侧柏树优质苗木繁育,主要采用种子大田播种繁育,也可以采用苗木嫁接和枝条扦插。

(一)采收种子

一定要选择 25~30 年以上的健壮、无病虫危害、成熟母树上的种子,通常侧柏种子在 9 月下旬至 10 月中旬成熟,而出种率基本为1/10,1 kg 种子 42 000~45 000 粒。

(二)整地作畦

育苗地应选择平坦、土壤肥沃的地方。苗圃地选好后,深翻整平,并结合整地施足基肥。基肥的用量一般为优质土杂肥 4 000~5 000 kg。圃地整好后进行作畦,畦东西行向,以便遮阴。同时,搭建高 3.0~3.5 m 的黑色遮阴棚进行遮阴防晒。

(三)浸种催芽

播种前先将侧柏种子放到 45 ℃的温水中浸泡 12~24 小时,并将空粒种子及杂质除去。第二天将种子用水冲洗干净,装入麻袋或草包中,用湿麻袋盖好进行催芽,催芽期间每天用温水冲洗 1~2 次。若种子数量较多,也可在空地上挖一个宽 50~80 cm、深 20~25 cm、长度视种子多少而定的沟,将种子与 3 倍的湿沙混合好后,铺放入沟内,厚度 15 cm 左右,上面用草帘等物覆盖,并经常洒水保持湿润,沟内种子每天上下翻动 2~3 次,使其温、湿度均衡,通气良好。催芽后的种子一般 6~7 天以后,有1/3 的种子裂嘴露白时即可播种。

（四）播种育苗

1. 夏季育苗技术

（1）夏季育苗。在 7 ~ 8 月，正值雨季汛期，侧柏树育苗一般不受干旱影响，土壤墒情较好即可繁育。但是，夏季正值烈日高温期，不利于侧柏树发芽生长。为创造适于侧柏树发芽生长的局部环境，可以搭设遮阴棚进行育苗。

（2）播种方法。侧柏种子有很多空粒，基本要经过水选以及催芽处理后进行播种，为了保证苗木的产量和质量，要加大播种量，当种子净度达到 90% 以上时，其发芽概率会大大增加，每亩地的播种量要达到 10 kg。在播种前要灌透底水，采用条播进行播种。同时，在一些比较干旱的地区可以选择低床育苗。垄播时，垄面宽 30 cm，垄底宽 60 cm，可采取单行或者双行的形式，单行条播播幅要达到 15 cm，双行条播播幅要达到 5 cm。床作播种，床高达到 15 cm，床面宽要达到 1.0 m，床长要达到 20 m，其中每床纵向条播为 3 ~ 5 行，行间距保持 10 cm。在播种之前，要保证开沟深浅相同，下种注意均匀，覆土厚度为 1.0 cm，覆土后进行镇压，保证种子与土壤接触密切，促进种子萌发。

2. 秋季育苗技术

（1）秋季育苗。8 月下旬至 9 月上旬进行。这一时期雨季汛期即将结束，天气渐凉，育苗时无须进行间作或搭棚遮阴，而且土壤墒情较好，水源也较丰富。抓住这一有利时机，选择土层深厚肥沃、排水良好、靠近水源的地块，在提前做好腾茬整地施肥工作的基础上，及时进行浸种催芽播种，时间宜早不宜迟，尽量延长冬前幼苗的生长时期。

（2）播种方法。为充分利用光照条件，以南北行向为好。播种时按 30 cm 的行距开沟，沟宽 7 ~ 8 cm，深 2 ~ 3 cm，先用脚踏平沟底，灌足底水，待水渗下后，再在沟内撒播已催好芽的种子。一般每亩用种量为 10 kg 左右。播种后将播种行培成 10 ~ 15 cm 高的土垄。培垄播种育苗的好处：大雨不易迫压，暴雨不怕涝，无雨可保墒。

三、肥水管理技术

（一）土壤管理

当种子发芽即将出土时,应及时将所培的土垄扒平,使种子上面保持0.5 cm厚的土层,这样便于种子出苗。幼苗出土后,应加强管理,干旱时及时浇水。9月下旬,幼苗可长出20多个针叶,苗高3~4 cm,苗茎已形成木质部,具有抗寒耐旱的越冬能力。第二年3月下旬苗木发芽早,生长快,到7月可用于雨季造林,苗高达30~40 cm即可出圃。

（二）肥水管理

苗木在生长期一定要合理追肥,一年内,施加硫酸铵2~3次,苗木进入速生前的时期内施加1次,15~20天后追施1次,注意在追肥后,一定要用水冲洗,避免苗木烧伤。同时,侧柏处于幼苗时期要适当密留,如果苗木过于密集会影响树木生长,每平方米留株数量为150株。苗木处于生长期要注意松土和除草,当前,我国除草主要采用化学药剂,要合理控制用药量。松土深度要保持在11.5 cm,应在浇水后以及降雨后进行,不要碰伤根系。

（三）大苗的培育管理

为了培育大苗,侧柏树要进行2~3次的移植,进而培育出冠形优美、生育健壮以及根系发达的大苗。在3~4月进行移植,这是存活率较高的季节,要根据苗木的生长情况以及大小选择移植方法,当前常用的移植方法有挖坑移植、开沟移植以及窄缝移植等。移植后要对苗木进行科学管理,及时追肥、除草、灌水以及松土,促进侧柏树苗木健壮生长,可以提早出圃销售,获得经济效益。

四、主要病虫害的发生与防治

（一）主要虫害的发生与防治

1. 侧柏毒蛾的发生与防治

侧柏毒蛾,又名侧柏毛虫、柏毒蛾,是柏类树木的主要食叶害虫之一。

（1）发生危害。主要危害侧柏的嫩芽、嫩枝和老叶。受害林木枝梢枯秃,发黄变干,生长势衰退,似干枯状。1~3年内不长新枝。1年发生1~2代,以幼虫和卵在柏树皮缝和叶上过冬。次年3月下旬开始活动,孵化为害,将叶咬成断茬或缺刻状,嫩枝的韧皮部常被食光,咬伤处多呈黄绿色,严重时可以把整株树叶吃光,造成树势衰弱,加速树木死亡。

（2）防治方法。冬季对柏树及时修枝修剪、间伐病虫害树木;在幼虫发生期,及时通过人工捕捉进行消灭;夏季树木生长期,侧柏毒蛾成虫具有趋光性,可以在林间设置黑光灯进行诱杀,效果显著;同时,在虫害的发生密度集中期,及时喷布苦参碱800~1 000倍液,进行树冠喷洒防治。

2.侧柏大蚜的发生与防治

侧柏大蚜,又名柏大蚜。

（1）发生危害。河南1年发生2~3代,主要危害枝叶,其繁殖能力强、速度快,在适宜的天气条件下,全年发生虫害,虫害严重时将会直接危害柏树的生长,导致大部分幼苗死亡。

（2）防治方法。使用25%的阿克泰水分散剂或20%的灭蚜威1 000倍液药剂进行喷洒防治,效果良好。

3.双条杉天牛的发生与防治

双条杉天牛,又名老水牛。

（1）发生危害。蛀干害虫,2年发生1代,幼虫在树干中蛀干危害。

（2）防治方法。一是药物防治。5月下旬至8月,在成虫期,在虫口密度高、郁闭度大的林区,可用敌敌畏烟剂熏杀。在初孵幼虫期,可用25%杀虫脒水剂100倍液或敌敌畏1~2倍液或用1∶9柴油水混合喷湿1~3 m以下树干或重点喷流脂处,效果很好。二是人工捕捉。8~9月,在初孵幼虫为害处,用小刀刮破树皮,搜杀幼虫。也可用木锤敲击流脂处,击死初孵幼虫;越冬成虫还未外出活动前,在上一年发生虫害的林地,用白涂剂刷1~2 m以下的树干,预防成虫产卵。5~7月,在越冬成虫外出活动交尾时期,在林内捕捉成虫。

（二）主要病害的发生与防治

1. 主要病害的发生

侧柏的主要病害是侧柏叶枯病,这是苗木生长期的主要病害之一。发生规律是:春季发生,受害叶枯黄,慢慢失绿,由黄变褐而枯死。

2. 主要病害的防治

防治方法:11~12月,进入冬季后要及时适度修枝,改善侧柏的生长环境,降低侵染源;3~4月,增施肥料,促进生长;6~8月,苗木进入快速生长期,及时喷施40%灭病威或40%多菌灵或40%百菌清500倍液进行喷洒防治。

第五章　雪松

　　雪松树,雪松属松科,常绿乔木树种。树冠雄伟高大,树干挺拔,枝叶优美,生长速度快,人们经常将其种植在工厂、庭院、社区、公路等主要门面的地方,所以雪松树具有"大门卫士"之称;同时,又是城市、美丽乡村等建设绿化的优良树种之一。雪松树是世界著名的庭园观赏树种之一。

　　雪松树的树体高大,树冠尖塔形,大枝平展,小枝略下垂,树形特别优美,主要栽植于风景区、公园、绿地的草坪中央,以及社区前庭的中心、广场中心或主要建筑物的两旁及公园的入口等处。它具有较强的防尘、减噪与杀菌能力,也可以用作工矿企业绿化美化环境的主要树种。

一、形态特征与生长习性

(一)形态特征

　　雪松树,常绿乔木树种,一般高 8～25 m,胸径 25～50 cm;其树皮深灰色,裂成不规则的鳞状片;枝平展下垂,1 年生长枝淡灰黄色,密生短绒毛,微有白粉,2～3 年生枝呈灰色或深灰色。叶淡绿色或深绿色,长 2～4.8 cm,宽 1～1.5 mm,为针形,并且坚硬;花分为雌雄两种,花期为 10～11 月,雄球花长卵圆形或椭圆状卵圆形,长 2～3 cm,径 0.8～1 cm;雌球花卵圆形,长 6～8 cm,径 4～5 cm;果为球果,成熟前淡绿色,微有白粉,熟时红褐色,卵圆形或宽椭圆形,长 6.5～11.5 cm,径 4.5～8.5 cm,顶端圆钝,有短梗;中部种鳞扇状倒三角形,长 2.2～3.5 cm,宽 3.5～5.5 cm,种子为三角状,长 2.3～3.6 cm,球果第二年 10 月成熟,即可采收。

(二)生长习性

　　雪松树,喜阳光充足,耐荫、耐酸性土、耐微碱、耐瘠薄;喜欢在 9～

20 ℃气温及凉爽湿润条件下生长;要求土壤适应性强,在土层深厚、排水良好的酸性土壤上生长旺盛;在 120 ~ 500 m 的浅山丘陵区、通风条件好的地方树势健壮。

二、雪松树的繁育技术

(一)播种育苗技术

雪松树苗木繁殖技术主要有两种,即种子播种和扦插育苗。

(1)苗圃地的选择。选择地势平坦、土层深厚、排水良好的酸性土壤为佳。

(2)种子的采种。一般在 10 ~ 11 月上旬,选择生长健壮、无病虫害的母树进行采种。人工采收,球果采回后捣烂、搓洗净种后阴干,用麻袋或布袋贮藏。

(3)整地施肥。选择酸性壤土的地方最佳。另外,选择松林下有菌根土的地方做苗圃地出苗率最高。整地时,将表层土去掉 10 cm 左右,取其下面次表土,然后,每亩施复合肥 100 ~ 150 kg,深翻 25 ~ 30 cm,拌匀,拣净杂草根及石块杂物。

(4)苗圃地整理。圃地精耕细耙整平后,按床宽 1.5 ~ 1.8 m,长随土地定,人行步道 35 ~ 40 cm 做床,每平方米床面,用 50 mL 福尔马林原液加水 6 mL,播种前 7 ~ 8 天,在床面上喷施,进行土壤消毒。然后,用塑料薄膜覆盖 3 ~ 5 天,揭除薄膜晾晒 1 ~ 2 小时,无气味后播种。

(5)种子处理。播种前用 50 ~ 60 ℃的温水浸泡种子,24 小时后,再换清水并加入 1/1 000 的多菌灵液浸泡 11 ~ 12 小时,晾干后拌上适量的灭鼠药,即可点播。

(6)种子播种。播种以点播为佳。其株行距 10 cm × 25 cm,种子要点播入床面上;营养钵育苗时,可直接播入装好的营养袋中。用细表土覆盖,厚度为 1 ~ 1.5 cm,再用干松毛覆盖,浇透水后盖上地膜,待出苗达 80% ~ 90% 时揭膜。1 年生苗高可达 30 ~ 35 cm。一般播 1 kg 种子可出 55 000 ~ 58 000 株幼苗。

(二)扦插育苗技术

雪松树的扦插繁殖育苗方法,分为硬枝扦插和嫩枝扦插两种,扦插时间分为春季扦插和秋季扦插。春季,扦插于 1 ~ 2 月在大棚内进行;秋季,扦插于 8 ~ 9 月进行,插后应搭防晒棚。扦插材料应选择生长健壮、无病虫害、1 ~ 2 年生枝条作插穗,长度一般为 12 ~ 14 cm,插穗茎端剪成马蹄形,春季扦插留叶 10%,秋季扦插留叶 60%。将剪好的插穗基端用萘乙酸 1 000 倍液或 0.05% ABT 生根粉浸蘸,插入苗床上,株行距 12 cm × 15 cm 或 15 cm × 20 cm,插入深度 4 ~ 5 cm,成活率可达 70% 以上。

三、肥水管理技术

(一)苗木管理

(1)适时浇水。播种扦插后应保持苗床上土壤湿润。出苗后,春夏 3 ~ 4 天,秋冬 7 ~ 10 天浇 1 次水,以"见干见湿"为原则。

(2)苗木移植。当苗木长至 15 ~ 20 cm,开始木质化后,可按培育目标移入大田或营养袋中。大田按株行距 15 cm × 20 cm 进行移植。

(3)及时除草。发现杂草及时拔除,以"除早、除小、除了"为原则。

(4)合理施肥。整个幼苗期施肥 2 ~ 3 次,以清粪水浇施为好,也可在叶面喷施 0.3% 尿素和磷酸二氢钾,苗高 30 ~ 40 cm 时,即可出圃。

(二)大树的管理

雪松树栽植时间以春季 3 ~ 4 月为宜,秋后 9 ~ 10 月亦可。雪松树苗木栽植是带球成活,即从地上挖取的雪松须带宿土,以利于成活。同时,疏剪枯根,将须根舒展开来,覆以细土,轻轻摇动盆钵,用竹签揿实,使盆土与根系贴实。4 ~ 9 月,在树木生长期追肥 2 ~ 3 次,一般不必整形和修枝,只需疏除病枯枝和树冠紧密处的阴生弱枝即可。

四、主要病虫害的发生与防治

(一)主要虫害的发生与防治

1. 主要虫害的发生

雪松树的主要害虫为松针毒蛾,1 年发生 1 ~ 2 代,5 月中旬越冬卵开始孵化,幼虫共 5 龄,1 ~ 2 龄幼虫均可吐丝下垂或随风迁移,6 月下旬老熟幼虫开始在树冠枝杈处、树皮缝、树洞等处结薄茧化蛹。大发生时在灌木丛或草丛中结茧,蛹期长约 20 天。7 月上旬开始羽化,中旬为羽化盛期。雌成虫在交尾后将卵产于枯枝落叶层下,每雌蛾产卵在 180 ~ 200 粒,15 粒左右的卵黏结在一起呈卵块状。成虫具有强烈的趋光性、趋化性。幼虫期以取食落叶松为主,大发生时也可以取食其他植物。4 ~ 5 龄幼虫的食量占其总食叶量的 85% 以上,危害最严重。以卵块在枯枝落叶层下越冬。

2. 主要虫害的防治

(1)喷烟防治。在 5 月下旬至 6 月上旬,2 ~ 3 龄幼虫期,可以利用喷烟或喷雾的方法控制虫口密度,降低种群数量,减轻危害程度。也可喷布阿维菌素 1 500 倍液或灭幼脲 1 000 ~ 2 000 倍液或烟参碱 800 ~ 1 000 倍液等防治。

(2)灯光诱杀法防治。在 7 月上旬至 9 月中旬,可以利用黑光灯、频振灯诱杀松针毒蛾成虫。

(3)人工采蛹法防治。在 6 月下旬至 7 月上旬,可以采集松针毒蛾的蛹,减少成虫的发生。

(二)主要病害的发生与防治

1. 主要病害的发生

常见的病害是灰霉病,主要在 6 ~ 9 月发生危害,该病的发生和流行与当年高温高湿气候条件关系密切。发生危害时,危害雪松的当年生嫩梢及两年生小枝。病斑扩展至小枝一周后,小枝上部枯死。

2. 主要病害的防治

雪松种植时不宜过密。宜种植在排水良好、通风透光的地方;雪松树发生灰霉病时,对病死枯梢应及时剪除并销毁,而后可喷 65% 代森锌可湿性粉剂 500 倍液或 70% 甲基托布津可湿性粉剂 1 500 倍液等防治,同时,喷洒敌百虫、敌敌畏等可以防治蛾蝶类害虫,确保树木健壮生长。

第六章　月桂

月桂树,又名香叶树、桂花树,是常绿树种之一。因其有浓重香气,春夏秋冬四季常青,树姿优美,苍翠欲滴,枝叶茂密,分枝低,很受人们的喜爱。

月桂树主要在风景区、美丽乡村、社区、庭院等地栽植,用于绿化美化,其斑叶者尤为好看。住宅前院用作绿墙中间隔断空间,荫蔽遮拦,效果也好。月桂树可修剪成各种球形或柱体,孤植,丛植点缀公园的草坪、建筑等。同时,用作绿墙障景或家庭盆栽观赏等用途。在我国主要分布在河南、浙江、江苏、上海、福建、四川、云南等地栽培及应用推广。

一、形态特征与生长习性

(一)形态特征

月桂树,常绿小乔木,一般高 3.5 ~ 10 m。树干上部卵圆形,分枝较低,小枝绿色,有纵条纹,有香气。单叶互生,革质,有光泽,无毛,叶柄紫褐色,叶椭圆形至椭圆状披针形,先端渐尖,基部楔形,叶缘细波状,即边缘波状,叶片揉碎后有香气、纯香。花单性异株,即雌雄分别在两个植株上,花小,黄色,花序在开花前呈球状,伞形花序聚集生长叶腋间。核果,鸭子蛋圆状,熟时呈紫褐色;花期集中在 3 ~ 5 月;果熟期6 ~ 9 月。

(二)生长习性

月桂树喜光、耐荫、耐寒、怕水淹。在 20 ~ 26 ℃的温暖气候中生长良好,可耐短期 – 8 ℃的低温。对土壤要求不严,适生于土层深厚、肥沃、疏松排水良好、潮湿润泽的沙质土壤,不耐盐碱。耐旱,萌芽力强,耐修剪。对烟尘、有害气体有抗性。

二、月桂树的繁育技术

月桂树优质苗木繁育方法主要是扦插、种子播种等。采取扦插繁殖成活率高、开花早。

(一)种子播种

(1)苗圃地选择。选择平坦、土壤疏松、肥沃、浇水、排水方便的地方为佳。

(2)种子采收。月桂花种子9~10月成熟,当果实进入成熟期,果皮由绿色逐渐转为紫黑色时即可采集。采集的果实堆沤3天左右,待果皮软化后,浸水搓洗,去果皮、果肉,得到净种,稍加晾干湿润沙藏。因桂花种子有后熟期,一般要湿沙催芽8个月后才能发芽。

(3)播种育苗。播种育苗能获得大量的桂花实生苗,适宜用作行道树。播种常用宽幅条播,行距20~25 cm,幅宽10~12 cm,每亩播种18~20 kg,每亩地产桂花苗2万~2.5万株。播种后,覆1~2 cm的细土,再盖上薄层稻草,喷水至土壤湿透,以防土壤板结和减少水分蒸发。当种子萌发出土后,及时揭草,将草放置于行间,既可保持土壤湿润,又能防止杂草生长。

(二)扦插育苗

这种方法分为硬枝扦插与嫩枝扦插。

(1)硬枝扦插。硬枝扦插在3月中下旬,剪取上一年8~9月的枝条作插穗,种条统一剪成7~10 cm长,上留2片叶,插入土壤深1/2即可。

(2)嫩枝扦插。在6月中、下旬进行,以成长壮的当年生新枝作插穗,长7~10 cm,留2片叶,插湿沙内,插后要立刻搭遮阴棚。初插遮阴,不能透光,40~45天后可渐渐适量增加光照,由弱光到强光。40~50天发根,待有3~4片新叶时,可追施一次薄肥,幼苗期过冬要搭建塑料薄膜小拱棚防御寒冷。普通留床培育1年,到第3年春天再移植培育即可。

三、肥水管理技术

（1）中耕除草。在以主干为中心 1 m 直径的树盘内重点松土和除草。灌水或降雨后,为防止土壤板结进行中耕松土。

（2）浇水与排涝。浇水主要在新种植后的 25～30 天内和种植当年的夏季进行。新种植的桂花一定要浇透水,有条件的应对植株的树冠喷水,以保持一定的空气湿度。及时排涝或移植受涝害植株,并加入一定量的沙子种植,可促进新根生长。

（3）合理施肥。施肥应以薄肥勤施为原则,以速效氮肥为主,中大苗全年施肥 2～3 次。早春期间在树盘内施有机肥,促进春梢生长。入冬前期需施无机肥或垃圾杂肥。其间可根据桂花生长情况,施肥 1～2 次。新移植的桂花,追肥不宜太早。移植坑穴的基肥应与土壤拌匀再覆土。

（4）整形修剪。剥芽:发芽时将主干下部无用的芽剥掉;疏枝保持一定的枝下高,剪去无用枝条,一般成材后的桂花枝下高在 1.5 m 左右。短截:剪去徒长的顶部枝条,使树高度保持在 3.5 m 左右,冠幅 2～3 m。树木幼株移植时要带土球,植于肥沃、疏松、潮湿润泽之地,初栽时要注意中耕除草,干时浇水,增强管理。

四、主要病虫害的发生与防治

（一）主要虫害的发生与防治

1. 主要虫害的发生

月桂树,其主要害虫是螨,俗称红蜘蛛。其危害叶子,1 年发生多代,以卵越冬,越冬卵一般在 3 月初开始孵化,4 月初全部孵化完毕,越冬后 1～3 代主要在地面杂草上繁殖为害,4 代以后同时在树木、间作物和杂草上为害,10 月中下旬开始进入越冬期。卵主要在枣树干皮缝、地面土缝和杂草基部等处越冬,3 月初越冬卵孵化后即离开越冬部位,向早春萌发的杂草上转移为害,初孵化幼螨在 2 天内可爬行的最远距离约为 150 m,若 2 天内找不到食物,即会因饥饿而死亡。

2. 主要虫害的防治

3～4 月,月桂树发生虫害时,应立即处置,可用螨虫清、蚜螨杀、三坐(唑)锡 1 000 倍液进行叶面喷雾。要将叶片的正反面都均匀喷布。每 7～8 天喷洒一次,连续 2～3 次,即可治愈。

(二)主要病害的发生与防治

1. 主要病害的发生

月桂树的主要病害是炭疽病,该病侵染桂花叶片。发病初期,叶片上出现褪绿小斑点,逐渐扩大后形成圆形、半圆形或椭圆形病斑。病斑浅褐色至灰白色,边缘有红褐色环圈。在潮湿的条件下,病斑上出现淡桃红色的黏孢子盘。炭疽病发生在 4～6 月。病原菌以分生孢子盘在病落叶中越冬,由风雨传播。

2. 主要病害的防治

10 月,即秋季彻底清除病落叶。加强栽培管理。选择肥沃、排水良好的土壤或基质栽植桂花;增施有机肥及钾肥;栽植密度要适宜,以便通风透光,降低叶面湿度,减少病害的发生。发病初期喷洒 1∶2∶200 波尔多液,以后可喷 50% 菌灵可湿性粉剂 1 000 倍液;重病区在苗木出圃时要用 1 000 倍高锰酸钾溶液浸泡消毒。

第七章　含笑

含笑树,又名香蕉花,常绿灌木树种。其干挺拔健壮,冠大荫浓,叶密花香。4月开花,花雅色艳,花香浓烈,花期长,树冠圆满,四季常青,是人们喜爱的著名香花树种。主要栽植在公园、庭院、居民新村、风景区、社区等建筑周围,是绿化美化及行道树的极好树种。具有良好的美化绿化环境作用。原产于我国南部,生于阴坡杂木林中,溪谷、岸边等地普遍露地栽培生长。

一、形态特征与生长习性

(一)形态特征

含笑树,常绿灌木,一般高3~5.5 m。树皮灰褐色,分枝密。芽、小枝、叶柄、花梗都生长着锈色绒毛。叶革质,倒卵状椭圆形,先端钝短尖,下面中脉常有锈色平伏毛,叶柄长2~4 mm,托叶痕达叶柄顶端。花单生叶腋,淡黄色,边缘常紫红色,芳香,花径2~3 cm。聚合果,花期3~5月;果熟期7~8月。

(二)生长习性

含笑树喜半阴、温暖湿润,不耐干燥和暴晒,有一定的耐寒力,在-13 ℃的低温时叶会掉落,但不会冻死。对土壤要求严格,其喜肥沃湿润的酸性壤土,不耐石灰质土壤,不耐干旱贫瘠,怕积水。耐修剪。对氯气有较强的抗性。

二、含笑树的繁育技术

含笑树的优良苗木繁育采用播种、嫁接或扦插繁殖都可。

(一)播种繁育技术

1. 种子处理

含笑树的种子在9~10月成熟。采收后晾于阴凉干燥的地方,待果实开裂后取出种子,拌以河沙搓揉,除掉外种皮,然后用清水冲洗干净,阴干后即可播种。也可将种子进行沙藏,次年春季播种。

2. 苗圃地的选择

苗圃地要选排水方便、浇水便捷、深厚肥沃的土地。

3. 整地与播种

3月中旬,春季播种,即施足圈肥,下种沟内垫黄心土1 cm厚,将已催芽并消毒的种子平均撒在黄心土上,以深厚细土盖种,覆草补水。25～30天后幼苗发掘出来,温度回升,趁早搭盖阴棚以利于树木幼株成长。幼苗须遮阴,冬季须防寒。秋季播种,苗床基质用腐叶土3份、山泥土2份、菜园土3份、堆积的干杂肥或厩肥2份配制,消毒,整细过筛,盛入苗床,便可播种。播种行距22～32 cm,沟宽13～14 cm,深7～10 cm,将种子均匀撒入播种沟内,种粒间距3～4 cm,然后覆土2～3 cm,覆草,喷透水。加强管理,一般20天左右胚芽便破土而出。冬季将幼苗移至低温温室,或用塑料薄膜拱棚加盖,使之不受冻害。当小苗长到24～32 cm高时,移植扩床,继续培育2～3年作大苗定植栽培。

（二）扦插繁育技术

1. 扦插时间

3月中下旬至4月。

2. 种条处理

扦插前,选头年生长的健壮枝条,剪成长8～10 cm的段,除去基部叶片,保留顶端两片叶,如果叶片肥大,每片还要剪去1/2,以减少水分蒸发。插穗剪好后,用0.02%～0.04%萘乙酸水溶液,浸泡插穗基部2～3 cm处,2～3小时后取出枝条,稍微晾一下,按10 cm×20 cm株行距插至蛭石和珍珠岩基质的苗床中,用细孔喷壶喷透水。苗床上用竹条拱架,覆盖白色塑料薄膜,保持温度和湿度。一般20天后,削口产生愈合组织,随即出现根原体,30天后新根陆续长出。

3. 种条插花后管理

当插穗萌发出新芽时,揭开薄膜,搭棚遮阴,秋季或次年春季进行一次间苗,培育两年后出圃定植栽培。

其繁殖技术如下:幼苗须遮阴,江浙一带冬季须防寒。

(三)嫁接繁育技术

1. 嫁接时间

3月下旬至4月中上旬。

2. 砧木的选择

砧木一般用1~2年生玉兰苗木或深山含笑实生苗或用木兰或黄兰作砧木;用木兰作砧木成活率高,生长快,耐寒力强。用黄兰作砧木则耐寒力差。

3. 接穗选择

接穗选优良无病虫害、健壮多年生的含笑母株,择其向阴、生长健壮的一年生枝条。

4. 苗木嫁接

在含笑母株上,选择生长健壮的一年生枝条作为种条。把其剪成每段长2~2.5 cm的斜削面,使其基部呈楔形,保留顶芽、侧芽,剪去叶片。然后将砧木在离地面4~5 cm处横截,随即在横切面的一侧,略带木质部向下纵切一刀,切口的长度与接穗的斜削口相等。将接穗插入砧木切口,对准形成层,再用塑料薄膜条从下至上进行绑扎,后堆土至接穗处,促使其伤口愈合,尽快形成输导组织,正常发育生长。

三、肥水管理技术

培育的幼苗在6~9月,即生长期加强肥水管理,浇水2~3次;在浇水时,每亩施入化肥100~120 kg;同时,搭建遮阴网,防止高温灼烧幼苗;冬季须防寒保暖,保护苗木安全越冬。培育提早开花的苗木,可以采用开花植株上的枝条作接穗,科学管理,嫁接成活率一般可达90%,当年生苗高可达80~100 cm,2~3年即可开花。

四、主要病虫害发生与防治

含笑树的主要害虫是介壳虫,病害是叶枯病、炭疽病、藻斑病、煤污病等。

（一）主要虫害的发生与防治

1. 主要虫害的发生

含笑树的主要害虫是介壳虫,1 年 1 代,幼虫吸取植株汁液,危害新梢及叶脉,一般多在枝杈处和叶的背面。在树体枝条过密、通风不良的情况下容易发生。

2. 主要虫害的防治

一是适当疏剪过密枝,使树体通风透光。二是在虫害较轻时可人工用刷子轻轻除之;在若虫孵化期,可使用介壳灵 1 000 ~ 1 200 倍液喷雾杀灭。

（二）主要病害的发生与防治

1. 炭疽病的发生与防治

一是要加强肥水管理,预防藻斑病,还要适当增施磷、钾肥,使植株生长健壮,以提高抗害能力;二是发病期用 0.5% 波尔多液或 5% 百菌清可湿性粉剂 600 ~ 750 倍液喷雾,每 8 ~ 10 天喷 1 次。

2. 煤污病的发生与防治

煤污病危害叶片,不利于含笑树生长。防治技术:一是发生病害时,清理病残叶,立即摘除病叶并烧毁,;二是在病虫害较轻时,可用清水洗刷,并注意适当通风透光;三是病害较重时,可使用 50% 退菌特可湿性粉 800 ~ 1 000 倍液喷雾防治,每隔 8 ~ 10 天喷 1 次,连续喷 2 ~ 3 次即可。

第八章　海桐

海桐树,又名海桐、臭海桐、山矾花等,是园林观赏的常绿树种。海桐枝叶茂密,叶色亮绿,树冠圆满,白花芳香,种子红艳,适应性强,是园林中常用的观叶、观花、闻香树种,很受人们喜爱。因优美的树形,常栽植在公园、庭园、道路、绿地社区、湿地等地,具有美化绿化的作用;可以作常绿基调树种或绿篱,也是街头绿地、居民新村、工矿区常用的抗污染、绿化、美化树种,还可作海岸防护林树种。主要分布在我国河南、江苏、浙江、福建、广东等地。山东、河南等露地栽培。北京有盆栽。

一、形态特征与生长习性

(一)形态特征

海桐树,常绿灌木,平均高 3 ~ 25 m,树冠呈圆球形。其干分枝低;叶革质,倒卵形,全缘,先端圆钝,基部楔形,边缘反卷,叶面有光泽;花期 4 ~ 5 月,伞房花序,顶生,先白色后变黄色,芳香,径 0.6 ~ 1 cm。蒴果,熟时三瓣裂,种子鲜红色,果熟期 10 月。

(二)生长习性

海桐树喜光,耐荫能力强;喜温暖湿润的气候,不耐寒。对土壤适应性强,黏土、砂质土壤都能生长,耐盐碱。萌芽力强,耐修剪。抗风性强,抗二氧化硫污染,耐烟尘。

二、海桐树的繁育技术

海桐树优质苗木繁育,主要采用播种繁育、扦插繁育技术。

(一)播种繁育

(1)苗圃地的选择。选择土壤疏松、肥沃、浇水方便的地方为佳。

(2)种子处理。种子采收后,要用草木灰拌种处理,因种子外被有黏液,秋播备用;同时,也可将种子采收后阴干储藏,春播备用。处理技术:将新采收的种子拌少量的草木灰,晾干,按种子与河沙1:3的比例混合,放入5 ℃左右的室内沙藏,保持种子湿润,能提高出芽率。

（3）大田播种。秋播,即10～11月就地播种,用草木灰拌种,播后,及时盖草或覆盖地膜防寒,3月下旬出苗。春播,即3月中旬播种,春播要用20～25 ℃的温水浸种12小时,洗去种子外面的附着物,即可播种。春播要用细筛将冬季储存的种子筛出,即可播种。播种要将种子均匀地点播在苗床内,间距4～5 cm,覆土7～9 mm,播后35～55天即可发芽出土。种子发芽后,及时浇水施肥,30～50 cm高时即可定植。

（二）扦插繁育

（1）扦插时间。在春、夏、秋三季均可进行扦插。

（2）插条处理。选择生长健壮的一年生母树枝条作插穗。同时选择顶端15 cm长的充实枝条人工修剪为好,修剪去除基部叶,以500 mg/kg萘乙酸溶液快蘸处理即可。

（3）扦插种条。处理后的种条,应及时插入苗圃土中,入土深5 cm,蔽荫养护,2个月左右即可生根,成活率80%左右。另外,把种条人工修剪成10～12 cm长,插入河沙为基质的苗床内,深度为4～5 cm,株行间距为6 cm×6 cm,浇透水,遮上塑料薄膜,以后每天连续喷水10～20天,每天上午10时和下午4时各喷一次。

（4）扦插后管理。经常保持苗床湿润,经35～55天生根,秋后可将成活的植株移于花盆或苗圃中,培育大苗,45～65天即可出圃。

三、肥水管理技术

（1）施肥浇水。幼苗在生长时期要勤浇水,适量施肥,增强树势,在11月浇封冻水。

（2）修枝修剪。生长期每年修剪2次,极易形成圆球形。海桐虽耐荫,但栽植不可过荫,不宜太密,否则易生介壳虫,要注意防治。若要培养小海桐球,应及时修剪去顶、打枝,促使快速成形。

（3）技术管理。3月播种的苗木,及时盖草或直接遮阴、防晒。春播2个月后出苗,及时撤草并搭棚遮阴,一年生苗高15 cm,二年生苗高 30 cm 以上,经过一次移植,三年生苗即可出圃。海桐生长强健,栽培容易。小苗移栽可蘸泥浆,大苗移栽要带土球。移栽时间在春季 3 月中旬。海桐枝条特别脆,大苗移栽运输过程中注意不要伤枝,以保持优美形状。

四、主要病虫害的发生与防治

(一)主要虫害的发生与防治

1. 主要虫害的发生

海桐树的主要害虫是吹绵蚧,1 年发生代数因地而异,一般 3～4 代,以若虫、成虫或卵越冬。群集在叶牙、嫩芽、新梢上危害,发生严重时,叶色发黄,造成落叶和枝梢枯萎,以致整枝、整株死去,即使尚存部分枝条,亦因其排泄物引起煤污病而一片灰黑,严重影响观赏价值。

2. 主要虫害的防治

(1)人工防治。随时检查,用手或镊子捏去雌虫和卵囊,或剪去虫枝、叶。

(2)药物防治。在初孵若虫转移期,可喷施介壳灵 1 000 倍液,或 50％杀螟松 1 200 倍液,或普通洗衣粉 400～600 倍液,每隔 10～14 天喷 1 次,连续喷 3～4 次。

(二)主要病害的发生与防治

1. 主要病害的发生

海桐树的主要病害是炭疽病。为害当年生成叶,老叶和嫩叶发病较少。先在叶尖或叶片边缘产生水渍状浅绿色至暗绿色病斑,边缘浸润性逐渐扩大,后期由褐色变为灰青色,病斑显著。

2. 主要病害的防治

防治技术是,一是加强栽培管理;二是选择肥沃、排水良好的土壤栽植;增施有机肥及钾肥;栽植密度要适宜,以便通风透光,降低叶面湿度,减少病害的发生。发病初期喷洒 1∶2∶200 波尔多液,以后可喷 50％菌灵可湿性粉剂 800～1 000 倍液防治即可。

第九章　黄杨

黄杨树,又名黄杨、小叶黄杨,四季常绿。其枝叶茂密,叶光亮、常青,是人们喜爱的观叶树种。尤其是在城乡绿化、风景园林建设中多用作绿篱,或修剪整形后孤植、丛植在草坪、建筑周围、路边,亦可点缀山石;还可制作盆栽用于室内装饰或制作盆景。黄杨分布在我国河南、山东及长江流域及以南地区。

一、形态特征与生长习性

(一)形态特征

黄杨树,常绿灌木或小乔木树种,平均高 2 ~ 6 m。树皮淡灰褐色,浅纵裂,小枝有四棱及柔毛。叶呈倒卵形或椭圆形,先端钝圆或微凹,叶长 2 ~ 3.5 cm,叶柄长 1 ~ 2 cm,有毛;花呈黄绿色,花柱宿存,呈三角鼎立状,花期 4 月;蒴果卵圆形,长 0.5 ~ 1 cm,果熟期 10 ~ 11 月。

(二)生长习性

黄杨树,喜半阴,喜温暖湿润气候,稍耐寒,喜肥沃湿润、排水良好的土壤,耐旱,稍耐湿,怕积水。其生长慢,寿命长。耐修剪,抗烟尘及有害气体。

二、黄杨树的繁育技术

黄杨树的优质苗木繁育主要采用扦插繁育技术。

(一)苗圃地的选择

宜选择土壤肥沃、通风良好、灌水排水条件好的地块。

(二)苗圃地的整理

扦插苗木,要制作苗床,苗床要选在通风排水良好的地块,按畦面 1 ~ 1.2 m、工作带 0.5 ~ 0.6 m 建床,床周围要用立砖围好,畦床面深翻整平,以备填铺基质,操作带要用砖硬化。同时,应选用保水透气性较好的蛭石粉,也可以用干净的细河沙代替。基质厚度一般为 4~5 cm,且底层要加 2 cm 厚的粗沙。

(三)苗圃地的管理

一是遮阳:利用日光温室去膜加盖遮光度为 65% 的遮阳网即可,无日光温室也可利用竹竿或钢架搭棚架,一般南北长 20~30 m、东西宽 6~8 m,棚架要牢固,以备冬季盖膜用。二是喷水:因在生长季节带叶扦插,微喷是降温增湿的主要措施,喷头要根据其喷洒的直径均匀分布,畦面要不留死角,最好选用全自动间歇喷雾装置,条件差的人工控制也可。

(四)扦插时间

从 5 月中旬到 8 月上旬都可扦插,以新梢生长高峰开始之前和结束之后为最好。

(五)种条的选择

要注意种条质量的好坏,种条是直接影响扦插成活的内部因素,所以应选择树龄较小(1~5 年生)、生长健壮、无病虫害的母株。种条选择一年生半木质化的丛状枝或单枝和二年生生长健壮的丛状枝,一般不用三年以上的老枝。

(六)种条的处理

种条在阴凉处随采取、随整理、随扦插,以减少水分散失。种条基部以上 4~5 cm,要去除分枝和叶片,上部留 2~3 个带叶小枝,带叶小枝留 5~6 cm 剪梢,种条留一定数量的叶片以利于生根。因为黄杨属愈伤部位生根类型,所以基部去除分枝造成的伤口也有利于生根。枝条处理后按 50~100 根一捆绑好(基部要齐),浸到盛有 2~3 cm 深清水的容器里待用。

(七)种条的扦插

一是扦插基部要用水喷透,不可干插。二是插前用激素处理,一般用 500 mg/kg 的口萘乙酸速蘸枝条基部,株行距一般 4 cm×4 cm,或 5 cm×5 cm。也可密插,即株行距 2 cm×2 cm,待生根后再移植。扦插深度以 4~5 cm 为宜,插后枝条周围基质用手压实即可。

三、肥水管理技术

黄杨树苗木繁育要求技术严格,尤其是在繁育中,湿度是影响扦插成活的关键因素,其包括基质湿度和空气湿度。一般基质含水量应保持在15%～25%,水量过大,通气性降低,会造成枝头霉烂,空气相对湿度以不低于70%为宜。因此,喷洒水分的时间应根据具体扦插的时间和天气情况、生根情况而定,高温期要适当延长喷水时间,而早、晚和阴雨天则要酌情少喷或不喷;扦插后25～30天是生根期,要多喷,生根后则要少喷,若遇到大雨还要及时排水。肥料主要使用化肥,在浇水时,加入即可。扦插成活后,若当年不移栽,要每隔10～15天进行1次叶面喷肥,一般喷0.3%～0.5%尿素或复合肥。

四、主要病虫害的发生与防治

(一)主要虫害的发生与防治

1. 主要虫害的发生

黄杨树的主要害虫是黄杨绢野螟。1年2～3代,以幼虫取食叶片危害,寄主为黄杨、小叶黄杨。幼虫为害期很长,4～9月均为害。幼虫常以丝连接周围叶片作为临时巢穴,并在其中取食,危害发生严重时,可将叶片吃光,造成整株枯死。

2. 主要虫害的防治

一是结合修剪清除粘叶为害、结茧的幼虫,集中销毁;二是成虫具较强的趋光性,在庭院、公园、社区内封闭或半封闭式院落,可在成虫发生期用黑光灯诱杀,集中销毁;三是药剂防治,可用25%灭幼脲3号1 000～1 500倍液,或用1.2%烟参碱乳油1 000倍液或1.8%阿维菌素3 000倍液防治,每隔10天喷1次,连续喷3次。

(二)主要病害的发生与防治

1. 主要病害的发生

黄杨树的主要病害为白粉病,白粉病以菌丝体在大叶黄杨的被害组织内越冬。3月中旬,在大叶黄杨展叶和生长期产生大量的分生孢子,通过气流传播,严重时叶片皱缩至畸形,影响正常生长。8月下旬,凉爽多雨时发病较多,栽植于树荫下的大叶黄杨发病重,向阳的植株发病轻或不发病。嫩叶、新梢发病重,老叶发病轻。不及时修剪或枝叶过密的大叶黄杨发病较重。

2. 主要病害的防治

一是加强栽培管理措施,适当修剪,增强通透性;合理灌溉、施肥,增强植株长势,提高抗病能力。二是喷布波尔多液,以后每隔半月喷 1 次,连喷 3 次。三是发病初期,可喷施 25% 粉锈宁 1 200 倍液,或 70% 甲基托布津 700 倍液,或 50% 退菌特可湿性粉剂 800 倍液,或 70% 百菌清 600 ~ 800 倍液防治。药剂应交替使用,以免白粉菌产生抗药性。

第十章　构骨

　　构骨树,又名鸟不宿、猫儿刺等,属于常绿树种;其红果鲜艳,叶形奇特,浓绿光亮,是优良的观果、观叶树种。常在园林、风景区、社区等地孤植,植于假山或花坛中心,丛植于草坪或道路转角处,也可在建筑的门庭两旁或路口对植。或作刺绿篱,兼有防护与观赏效果。盆栽作室内装饰,老桩作盆景,既可观赏自然树形,也可修剪造型。叶、果枝可插花。构骨树皮、枝叶、果实可入药,种子可榨油。主要分布在我国长江流域及以南各地,生于山坡、谷地、溪边杂木林或灌丛中。

一、形态特征与生长习性

(一)形态特征

　　构骨树,常绿灌木、小乔木,高 3~4 m。树皮灰白色,平滑。小枝无毛。叶硬革质,矩圆形,先端 3 枚尖硬刺齿,基部平截,两侧各有 1~2 枚尖硬刺齿,叶缘向下反卷,上面深绿色。有光泽,背面淡绿色,花黄绿色,簇生于二年生枝叶腋,雌雄异株。核果球形,鲜红色。花期 4~5月,果熟期 9 月。

(二)生长习性

　　构骨树喜光,耐荫。喜温暖湿润的气候,耐寒。喜排水良好、肥沃深厚的酸性土,中性或微碱性土壤中亦能生长。耐湿,萌芽力强,耐修剪。生长缓慢,深根性,须根少。在环境低劣的地方耐烟尘,抗二氧化硫和氯气。

二、构骨树的繁育技术

　　构骨树优质苗木繁育技术主要是播种繁殖、扦插繁殖。

(一)种子播种繁育

　　(1)种子采种。在 10 月果实熟时,及时采收种子。

（2）种子贮藏。用干净的河沙进行层积贮藏，于翌年 3～4 月播种，出苗率较高。

（3）播前整地。在播种前要细致整地。整地要求做到苗床平坦，土块细碎，上虚下实。同时，土壤湿度要达到播种要求，以手握后有隐约湿迹为宜。

（4）播种密度。适宜的播种密度能够保证苗木在苗床上有足够的生长空间，在移植前能得到较好的生长。因此，构骨树的种子为大粒种子，应播得稀些。

（5）播种技术。构骨树的种子属于大粒种子，所以常用点播的方法。其行距不小于 30～40 cm，株距小于 10～15 cm 即可。种子的覆土宜厚。覆盖土以有利于土壤保湿、保温、通气和幼苗出土为佳。播种深度要均匀一致，否则幼苗出土参差不齐，影响苗木质量。

（二）扦插繁殖技术

（1）扦插时间。6～8 月，在雨水充足的季节进行。

（2）种条选择。选择优良无刺构骨品种、穗条粗壮、条芽饱满、无病虫害的母树，从长势强健的母树上采 1 年生枝条为种条，而后剪取插穗，每枝长 12～20 cm，留上部叶 3～4 片，每片叶剪去 1/2 即可。

（3）扦插繁育。一般采用嫩枝扦插，以 6 月上中旬为宜。种条做到随剪截、随扦插。选当年生粗壮的半木质化枝条，剪下放入盛有清水的桶内防其失水，每段长 6～8 cm，剪口平滑，保留 2～3 个芽，留叶 1 片。每 50～100 根为 1 捆，绑好。将插穗下端整齐地浸泡在 50 mg/kg 的 ABT1 号生根粉溶液中 8～10 小时，或用 50 mg/kg 萘乙酸溶液处理 2 小时后，即可扦插，入土深度为插穗长度的 2/3，露出芽和叶片于地面，株距 3～4 cm，行距 6～8 cm，插后浇透水，保持床面湿润。扦插后 25～40 天即可生根。

三、肥水管理技术

（1）施肥浇水。因苗木喜湿润，平时要注意浇水保墒，冬季减少浇水次数。每 2～3 月施一次氮、磷、钾复合肥，以促进苗木快速生长。

（2）扦插苗木的管理。扦插后的苗木，通常都要遮阴，遮阴棚高

90～100 cm,最初 20～25 天,要用双重遮阳网,苗床周围设风障。根据天气状况每天喷雾 2～3 次,以保持床面土壤及空气湿度,防止插穗萎蔫,但在高温高湿的条件下,应注意适当通风。夏季高温时在遮阴棚上覆盖适量稻草或芦帘,以防烈日灼伤。8 月下旬起逐步缩短覆盖时间,9 月中旬以后撤除遮阴棚,让阳光直射,使苗木充分木质化,从而提高苗木的越冬能力,防止冻害。

四、主要病虫害的发生与防治

(一)主要虫害的发生与防治

1. 主要虫害的发生

构骨树主要有木虱、红蜡蚧壳虫等害虫,害虫主要危害嫩枝、嫩干及叶片;危害严重时,会导致构骨树不能结果等。

2. 主要虫害的防治

一是合理修剪,改善通风透光,减轻虫害发生。二是对树冠、枝梢、叶片进行喷药,喷洒 40% 敌敌畏 1 000 倍液或介壳灵 800～1 000 倍液防治即可。

(二)主要病害的发生与防治

1. 主要病害的发生

构骨树的主要病害是煤污病,煤污病主要是由木虱、红蜡蚧等害虫危害引起的。尤其是构骨树在阴处种植时,易受到木虱、红蜡蚧等害虫危害,危害严重时产生煤污病。

2. 主要病害的防治

防治办法:一是注意防治危害构骨树的害虫,减少病害的发生;二是积极开展药物防治,发生期可喷洒波尔多液 1 000 倍液或对树干涂石硫合剂进行防治。

第十一章　大叶黄杨

大叶黄杨树,又名冬青卫予,常绿树种。其叶色秀美,新叶青翠,是美丽的观叶树种。主要用作绿篱或基础种植。也可修剪成球形体,在花坛中心孤植,入口处对植,街头绿地、行道树下列植,或用于风景区、社区等绿化。主要分布在河南、山东等地,我国南北各地庭院普遍栽培,黄河流域以南主要为露地种植。

一、形态特征与生长习性

(一)形态特征

大叶黄杨树,常绿灌木、小乔木,平均高 5 ~ 8 m。小枝绿色,稍呈四棱形。叶呈倒卵形或椭圆形,长 3 ~ 6 cm,先端尖或钝,基部楔形,锯齿钝,叶柄短。花呈绿白色。果近球形,熟时四瓣裂,皮橘红色。花期 6 ~ 7 月,果熟期 10 月下旬。

(二)生长习性

大叶黄杨树,喜光,亦耐荫,喜温暖气候,稍耐寒, – 18 ~ – 17 ℃ 即受冻;对土壤要求不严,耐干旱瘠薄,耐湿;萌芽力强,耐修剪整形,生长慢,寿命长。河北等地幼苗、幼树冬季须防寒。抗各种有毒气体,耐烟尘。

二、大叶黄杨树的繁育技术

大叶黄杨树优质苗木繁育技术主要有扦插繁育、播种繁殖等。扦插繁育苗木成活率高。

(1)扦插时间。在 8 ~ 10 月初进行,其中,在 9 月中下旬,新梢已停止生长,枝条含养分较多,组织分生能力较强,土壤温度和空气湿度适宜,扦插后管理简便,容易生根。

(2)苗圃地的整理。8 月提早做好扦插苗圃地插床的准备,将经过夏季深翻的土地作为苗床,要求做成平床,宽 120 cm,人行步道 30 ~ 35 cm,长 6 ~ 7 m。搭盖距床面 1.8 ~ 2.0 m,透光率为 50% ~ 70% 的半圆形遮阴棚。

(3)种条插穗的采收。选择生长旺盛、无病虫害的母树上的一年生枝条,修剪后的种条,用湿麻袋包住,运回加工。将采来的种条剪成 10 ~ 12 cm 长的插穗,上部保留 2 个叶片,其余叶子去掉。上端剪成平口,基部剪成斜面,做好备用。

(4)扦插种条。扦插前,要对苗床浇透水,在苗床湿润状态下,以 3 cm × 5 cm 的株行距扦插,将插穗下部 2/3 部分插入苗床,插完再浇一次透水,然后盖上遮阴网,防晒,日后连续浇水,每 8 ~ 24 小时浇一次;30 天后,3 ~ 5 天浇一次水,经常保持苗床湿润。10 月上旬多数苗木开始生根,浇水次数逐渐减少即可。

三、肥水管理技术

(1)浇水管理。苗木的生长期经常保持苗床湿润。10 月上旬,多数苗木开始生根,浇水次数逐渐减少;10 月下旬,将原来的遮阴网去掉,普遍浇一次越冬水,换上越冬膜。大雪封冻前,将塑料膜四周用土压实保温。因苗床地下温度相对高一些,地面温度相对较低,扦插苗冬季少抽枝或不抽枝,以促进苗木根系发育。同时,做好棚内除草浇水工作,使幼苗安全越冬。

(2)春季苗木管理。3 月中旬,温度回升,要及时浇返青水。随浇水每亩追尿素 5 ~ 10 kg。3 月下旬,去掉塑料膜,清除杂草,加强综合管理。

(3)苗木修剪管理。绿篱用 2 ~ 3 龄苗,宜做 1 m 左右的绿篱。每年春、夏季要进行一次修剪。

(4)幼苗移栽管理。苗木移植时间,一般在 3 月下旬到 4 月上旬,成活率较高。在深翻整地的苗圃田里,做成宽 1.2 ~ 1.5 m(带畦埂)、长 8 ~ 10 m 的移植畦,沿着长边每隔 30 cm 开 10 cm 深的沟,按株距 15 ~ 20 cm 摆放幼苗。边覆土,边浇压根水。移栽后充分浇水,保持湿润。苗木管理要做到精细管理,移植树苗较小,要精心管理,适时浇水、松土、除草,以促进树苗快速生长。当树苗长到 15～20 cm 高时摘心,促使多发枝条。

四、主要病虫害的发生与防治

(一)主要虫害的发生与防治

1. 主要虫害的发生

大叶黄杨树的主要害虫是黄杨绢野螟,1 年 1 代,以幼虫取食叶片危害,寄主为小叶黄杨。幼虫为害期很长,从春季到秋季都有为害。幼虫常以丝连接周围叶片作为临时巢穴,并在其中取食,危害发生严重时,可将叶片吃光,造成整株枯死。

2. 主要虫害的防治

黄杨绢野螟的主要防治技术:一是结合修剪清除粘叶为害、结茧的幼虫,集中销毁;二是利用成虫具较强的趋光性,在成虫发生期,用黑光灯诱杀,集中销毁;三是药剂防治,用 25% 灭幼脲 3 号 1 000～1 500 倍液,或 1.2% 烟参碱乳油 1 000 倍液、1.8% 阿维菌素 3 000 倍液,每隔 10 天喷 1 次,连续喷 3 次即可。

(二)主要病害的发生与防治

大叶黄杨树的主要病害是白粉病,3 月下旬至 4 月下旬发病,主要危害叶片。发病时整个植株像下雪一样,发病轻的时候,叶片上可看见白乎乎的菌孢子,严重的时候,连续 2～3 年,整个植株干枯死亡。所以,白粉病防治,在初发期,可用 65% 代森锰锌可湿性粉剂 0.2% 溶液喷雾防治,或用 15% 粉锈宁可湿性粉剂 0.05%～0.067% 溶液喷雾防治。

第十二章　桂花

桂花树,又名八月桂。其树姿丰满,四季常绿,是集绿化、美化、香化功能于一体,观赏与实用兼备的优良园林树种及珍贵的传统香花树种,很受人们喜爱。桂花清可绝尘,浓能远溢,堪称一绝。尤其是仲秋时节,丛桂怒放,夜静月圆之际,把酒赏桂,陈香扑鼻,令人神清气爽。在园林绿化中,多种植在风景区、社区、庭园、公园、行道等处,具美化作用;尤其在农村房前对植是传统美化方法,即所谓"两桂当庭""双桂流芳""桂花迎贵人"。另外,桂花芳馨,提取芳芝麻油,制桂花浸膏,可用于食物、化妆品的生产。花用作药物,有散寒破结、化痰生津的成效;果可榨油,食用。是非常具有观赏价值的植物树种。桂花树主要分布在河南、广西、湖南、贵州、浙江、湖北、安徽、江苏、福建、台湾等地。桂花树对有毒气体有一定的抗性,但不耐烟尘。根系发达,萌芽力强,寿命长。

一、形态特征与生长习性

(一)形态特征

桂花树,常绿灌木或小乔木,树高平均 3 ~ 16 m,枝干灰色;叶对生、革质,长鸭子蛋圆形,长 5 ~ 11 cm,宽 1.9 ~ 4.2 cm,全缘;9 月开花,花期 9 ~ 10 月,花聚集生长于叶腋,淡黄白色。其中金桂的花金黄色;银桂的花银白色;丹桂的花木红色;果实椭圆形,长 1 ~ 1.5 cm,第二年 5 月成熟,熟时紫黑色。

(二)生长习性

桂花树,喜光,稍耐荫;喜温暖湿润气候,要求年降雨量 1 000 mm 左右,年平均温度 14 ~ 18 ℃,7 月平均温度 22 ~ 26 ℃,1 月平均温度 0 ℃ 以上,能耐短期 −12 ℃ 左右的低温,空气湿润对生长发育极为有利,干旱、高温则影响开花。强日照或过分荫蔽对生长都不利。喜肥沃排水良好的中性或微酸性的沙壤土,碱性土、重黏土或洼地都不宜种植。

二、桂花树的繁育技术

桂花树优质苗木繁育技术主要是播种繁育、扦插、嫁接或压条繁育。春插用一年生发育充实的枝条,夏插用当年生嫩枝。嫁接用女贞、流苏或小叶女贞作砧木,接口要低。扦插繁育的苗木或嫁接繁育的苗木可以提早开花。

播种繁育技术要点如下。

(一)优质种子的采集

桂花树种子为核果,长椭圆形,有棱,一般4~5月成熟。成熟时,外皮由绿色变为紫黑色,并从树上脱落。种子可以从树上采摘,也可以在地上拾捡,但要做到随落随拾,否则春季气候干燥,种子容易失水而失去播种价值,影响出芽率。

(二)种子处理

桂花种子采回后,要立即进行调制。成熟的果实外皮较软,可以立即用水冲洗,洗净果皮,除去漂浮在水面上的空粒和小粒种子,拣除杂质,然后放在室内阴干。注意不要在太阳下晾晒,因为桂花种子种皮上没有蜡质层,很容易失水而干瘪,从而失去生理活性。

(三)种子贮藏

桂花种子具有生理后熟的特性,必须经过适当的贮藏催芽才能播种育苗。桂花种子贮藏一般有沙藏和水藏两种方式:

(1)沙藏就是用湿沙层层覆盖;水藏就是把种子用透气而又不容易沤烂的袋子盛装,扎紧袋口,放入冷水中,最好是流水中。注意经常检查,看种子是否失水或霉烂变质。沙藏种子的地点最好先在阴凉通风处,并堆放在土地或沙土地上,不要堆放在水泥地上。

(2)水藏的种子袋不要露出水面,夏天种子袋要远离水面的高温水层,以免种子发芽,受热腐烂。

(四)种子催芽

种子催芽的目的是使种子能迅速而整齐地发芽。可将消毒后的种子放入 50 ℃左右的温水中浸 4 小时,然后取出放入箩筐内,用湿布或稻草覆盖,置于 18 ~ 24 ℃的温度条件下催芽。待有半数种子种壳开裂或稍露胚根时,就可以进行播种。在催芽的过程中,要经常翻动种子,使上层和下层的温度和湿度保持一致,以使出芽整齐。

(五)大田播种

采用上一年贮藏的种子,于 2 ~ 4 月初播种。当种子裂口露白时方可进行播种育苗。一般采用条播法,即在苗床上做横向或纵向的条沟,沟宽 12 cm,沟深 3 cm;在沟内每隔 6 ~ 8 cm 播 1 粒催芽后的种子。播种时要将种脐侧放,以免胚根和幼茎弯曲,影响幼苗的生长。在桂林地区,通常用宽幅条播,行距 20 ~ 25 cm、幅宽 10 ~ 12 cm,每亩播种 20 kg,可产苗木 25 000 ~ 28 000 株。

三、肥水管理技术

大田播种后,要随即覆盖细土,盖土厚度以不超过种子横径的 2 ~ 3 倍为宜;盖土后整平畦面,以免积水;再盖上薄层稻草,以不见泥土为宜,并张绳压紧,防止盖草被风吹走;然后用细眼喷壶充分喷水,至土壤湿透为止。盖草和喷水可保持土壤湿润,避免土壤板结,促使种子早发芽和早出土。

苗木生长期,应加强肥水管理,中耕除草宜勤,夏伏期遇天旱应灌溉培土,成年树每年至少应施肥 3 次,花后修剪过密枝和夏秋徒长枝,春季萌发前应修剪病虫枝、枯弱枝。栽植地应避免烟尘的危害,否则难以开花。花芽着生在当年的春梢上,隔年枝条花芽少、质差。特别注意,若是有观赏的景观,要选择嫁接苗木或扦插苗木,嫁接苗木或扦插苗木,3 ~ 5 年即可开花;实生苗 15 ~ 18 年以上开花。

四、主要病虫害的发生与防治

(一)主要虫害的发生与防治

1. 主要虫害的发生

桂花树大树虫害很少。但是,其幼苗生长期,主要发生的虫害是蚜虫。蚜虫 1 年 1~3 代,繁殖快,危害重。它吸食植物汁液,使植株衰弱枯萎;危害叶片,轻时,造成叶片卷曲,严重时,造成缓慢落叶,苗木生长不良。

2. 主要虫害的防治

把桃叶加水浸泡一昼夜,加少量生石灰,过滤后喷洒;另外,用洗衣粉加水防治,对蚜虫等有较强的触杀作用,每亩用洗衣粉 400~500 倍液 60~80 kg,连喷 2~3 次,可起到良好的防治作用;或喷布灭蚜威 1 000 倍液防治,效果也显著。

(二) 主要病害的发生与防治

1. 主要病害的发生

桂花树的主要病害是褐斑病和立枯病。主要发生原因是,桂花苗木连作,尤其是苗圃容易发生褐斑病和立枯病,大量发生后造成叶片大量枯黄脱落,或苗木根茎和根部皮层腐烂而导致全株枯死。

2. 主要病害的防治

4~6 月,在褐斑病和立枯病发生初期或发生前,及时用 65% 代森锰锌可湿性粉剂 800~1 000 倍液对苗木喷雾防治;或用 15% 粉锈宁可湿性粉剂 500~600 倍液喷布幼苗,每隔 7~8 天喷一次,连喷 2~3 次即可。

第十三章　六月雪

六月雪树,又名满天星、白马骨,是常绿树种。夏季满树白花,宛若雪花,雅洁可爱,很受人们喜欢。主要用途:在山区、风景区、美丽乡村等建设中,用作自然式花篱、绿篱,或在花坛、路边、岩际、林缘等地丛状种植;可以制作盆景。六月雪的根、茎、叶可入药。主要分布在我国河南、山东以及长江流域以南,常生长在林下灌丛中,溪流、小河边。

一、形态特征与生长习性

(一)形态特征

六月雪树,属常绿小灌木,高 0.5 ~ 1 m。分枝密,嫩枝微有毛;叶长椭圆形,椭圆状披针形,长 7 ~ 15 mm,先端小突尖,两面叶脉、叶缘、叶柄都有白色毛;花单生或数朵簇生,白色或淡粉紫色,花冠筒长约是花萼的 2 倍,花丝极短,花期 5 ~ 6 月;核果小,9 月下旬成熟。

(二)生长习性

六月雪树,喜光、喜半阴。同时,喜温暖湿润气候,喜排水良好、肥沃和湿润疏松的土壤,怕积水,萌芽力、萌蘖性都强,耐修剪,生长力较强。有一定的耐寒能力,耐旱。在上海、南京等地呈半常绿状。生于河溪边或丘陵的杂木林内。

二、六月雪树的繁育技术

六月雪树优质苗木繁育主要采用扦插繁殖方法。

(1)扦插时间。硬枝扦插时间最好在 3 ~ 4 月。嫩枝扦插时间最好在 6 ~ 7 月。

(2)扦插基质准备。无论是采用硬枝扦插,还是嫩枝扦插,必须做好基质;最好用充分腐熟的腐殖土与河沙各配比 50%,然后掺匀,放在晒场或水泥地上暴晒消毒 24 ~ 48 小时,再装入扦插容器。这类扦插基质含一定的天然激素和营养物质,有利于插穗生根成活并迅速健壮生长。

(3)枝条采收。选择无病虫害的优良健壮的多年生母树,选择 1 ~ 2 年新生枝条作枝条。做到随时扦插,随时采收枝条。

(4)枝条扦插。将采收的种条剪截 7 ~ 10 cm,枝条底部用锋利刀斜切 45°,插入基质深度 2/3;春季扦插要及时罩膜保温,注意喷水,夏季扦插,插后需搭棚遮阴,注意浇水,保持土层湿润,这样极易成活,35 ~ 40 天可生根,第二年春季即可移植。

三、肥水管理技术

六月雪树幼苗期,均需搭棚遮阴。插后注意浇水,保持苗床湿润。一次浇透水,隔 24 小时喷水一次,8 ~ 10 天后开始生根,萌发枝芽。20 ~ 25 天后开始施第一次稀薄液肥。35 ~ 50 天时,施一次 1∶1 000 倍尿素,以促进幼苗快速生长。60 天后就可以移栽定植。施肥时应该注意,施肥过多,就会使发枝过旺,易引起新枝徒长,所以一般只在入冬前和花后各施一次腐熟的饼肥水。

四、主要病虫害的发生与防治

(一)主要虫害的发生与防治

1. 主要虫害的发生

六月雪树的害虫较少,主要是介壳虫。介壳虫繁殖能力强,一年发生多代。卵孵化为若虫,经过短时间爬行,营固着生活,即形成介壳。其吸取植株汁液,危害新梢及叶脉,一般多出现在枝杈处和叶的背面。在树体枝条过密、通风不良的情况下,容易发生。

2. 主要虫害的防治

及时做好观察,根据介壳虫发生情况,在若虫盛期喷药。4 ~ 5 月,此时,大多数若虫多孵化不久,体表尚未分泌蜡质,介壳更未形成,用药仍易杀死。主要用 50% 敌敌畏 1 000 倍液,或 2.5% 溴氰菊酯 3 000 倍液喷雾。每隔 7 ~ 10 天喷 1 次,连续喷 2 ~ 3 次。

（二）主要病害的发生与防治

六月雪树的病害较少。幼苗期，因气温、土壤、水分等影响，易发生根腐病。在管理时，及时观察，及时发现，用根腐灵800倍液或者12%松脂酸铜乳油600~1 000倍液对其进行浇灌，隔三岔五地喷洒一次，连续3次即可。

第十四章　南天竹

南天竹,又名天竺,常绿灌木植物。秋冬季节,叶色红艳,果实累累,姿态清丽,可观果、观叶、观姿态,受人喜欢。在园林、社区、风景区等地种植较多,丛植小区、建筑前,配置粉墙一角或假山旁最为协调;也可丛植草坪边缘、园路转角、林荫道旁、常绿或落叶树丛前;可盆栽或制作盆景装饰厅堂、居室,布置大型会场。枝叶或果枝配蜡梅是春节插花佳品。根、叶、果可入药。分布在我国河南、陕西、江苏、安徽、湖北、湖南、四川、江西、浙江、福建、广西等地。

一、生态特征与生长习性

(一)生态特征

南天竹,常绿灌木,一般高 1 ~ 2 m。叶回羽状,2 ~ 3 复叶,互生,总叶柄基部有褐色抱茎的鞘,小叶全缘革质,椭圆状披针形,先端渐尖,基部楔形,无毛,叶在河南南部入冬后全部变为红色;圆锥花序顶生,花小白色,花序长 13 ~ 25 cm,花期 5 ~ 7 月;浆果球形,熟时红色,果熟期 9 ~ 10 月。

(二)生长习性

南天竹,喜半阴,阳光不足时生长弱、结果少;烈日暴晒时嫩叶易焦枯;喜通风良好的湿润环境;不耐严寒,黄河流域以南可露地种植;喜排水良好的肥沃湿润土壤,耐微碱性土壤,不耐贫瘠干燥,生长较慢,萌芽力强,萌蘖性强,寿命长。实生苗须 3 ~ 4 年才开花。

二、南天竹的繁育技术

南天竹优质苗木繁育技术主要是扦插繁育、播种繁育。

(一)扦插繁育技术

(1)扦插时间。2 月下旬至 3 月扦插,出苗率高。

（2）种条选择。选择 1~2 年生无病虫害优良母树的茎干,人工剪截为长 20~25 cm 的种条。

（3）种条处理。把采回的种条人工修剪去大部分叶片（最好能保留顶芽）,在生根粉 1 500 倍液中浸泡 2~5 分钟,以 50 根为一捆,在阴凉处存放。

（4）种条扦插。首先选好苗床,苗床应该以沙壤土加肥料为佳。然后把处理后的种条插于苗床中,入土深度约为穗长的 1/2,间距 4~5 cm,行距 10~15 cm,插后浇透水,25~30 天生根出芽。

（二）播种繁育技术

（1）苗圃地的选择。选择平坦、土壤肥沃、浇灌方便的地方作为苗圃地。

（2）播种时间。一般以秋播为佳,即 9~10 月进行播种。

（3）种子处理。当年 12 月下旬或第二年 1~2 月种子完全成熟时,即可采收种子。采摘充分成熟且即将脱落的饱满果实,将其与粗沙拌和并在水中搓揉,去除果皮果肉,漂去空瘪的种粒,得到纯净种子。将纯净的种子与湿润的细沙以 1:3 的比例混合后贮放在大缸或大花盆中,注意始终保持湿润,发现沙粒发白干燥时喷水增加湿度。每隔 15~20 天翻动检查一次,防止种粒霉变,保护种子质量,种子贮藏做到随采随播或沙藏,种子后熟期长,需经过 110~120 天贮藏,才能打破休眠发芽。

（4）大田播种。播种分春播和秋播。春播的种子是经过处理的种子;秋播的种子是 9 月种子裂口露白时采收的种子。春播或秋播,将种子播到整好的苗床上。春播或秋播,采取条播即可,行距 15~20 cm,沟宽 10 cm,沟深 5~8 cm,种粒间距 1~2 cm,轻覆薄土,厚 0.5~1 cm,以不见种粒为度,随后覆草保湿,经过 15~20 天即有 70% 的小苗出土,随后分两三次揭去覆草即可。

三、肥水管理技术

南天竹幼苗期,加强水肥管理。播种后,要搭棚遮阴。尤其 6~9 月需搭遮阴棚,此时必须保持苗床湿润。一般 50~60 天生根。幼苗生长期忌暴晒,应注意施肥,修剪枯弱枝,以保持株形美观。干旱季节应浇水。管理中防止植株分株过多,影响结果,一定要疏剪。花期值雨水较多的季节,往往影响授粉而结实少。当年培育的苗木,生长高达50～60 cm,冬季适当做好防寒工作。第二年即可出圃。

四、主要病虫害的发生与防治

(一)主要虫害的发生与防治

1. 主要虫害的发生

南天竹的主要害虫是春尺蠖。春尺蠖,1年发生1代,身体细长,行动时一弯一伸像个拱桥,休息时,身体能斜向伸直,如枝状。完全变态。成虫翅大,体细长,有短毛,触角丝状或羽状,被称为"尺蛾"。以蛹的形式在树干周围泥土中或石块下过冬,第二年4～5月初开始羽化,7月中下旬为羽化繁盛时期。

2. 主要虫害的防治

一是人工挖蛹,在虫害严重的地方进行,时间为早春或晚秋;二是在成虫羽化期利用黑光灯诱杀;三是喷药防治,对3～4龄幼虫喷氯氰菊酯1 000倍液或敌百虫1 200倍液。

(二)主要病害的发生与防治

1. 主要病害的发生

南天竹的主要病害是红斑病。红斑病的症状为:病害大多发生于叶尖或叶缘,起初病斑为褐色斑点,之后会扩大成直径为24～48 mm的半圆形或楔形病斑。病斑从中心向外由浅褐色过渡到深褐色,最外缘有较宽的红晕,略显放射状。发病后期病斑处会长出成簇的煤污状块状物,颜色为灰绿色至深绿色。

2. 主要病害的防治

一是及时摘除病叶,集中深埋或烧毁。在病叶较多的情况下,可先留部分感染较轻的病叶观赏,第二年春季新叶展开后再摘除病叶,以控制病菌来源。二是药物防治。3月上旬,在红斑病发病前喷甲基托布津可湿性粉剂或代森锰锌1 200倍液,每隔10～15天喷1次,连喷2～3次。

第十五章　红叶石楠

红叶石楠,又名石楠,是石楠属杂交种,常绿小乔木或灌木树种。红叶石楠因其新梢和嫩叶鲜红而受人喜爱。通常有红罗宾和红唇两个品种,其中红罗宾的叶色鲜艳夺目,观赏性更佳。春秋两季,红叶石楠的新梢和嫩叶火红,色彩艳丽持久,极具生机。在夏季高温时节,叶片转为亮绿色,给人清新凉爽之感。红叶石楠主要在美丽乡村、风景区、社区建设中做行道树、绿篱等;通过修剪造景,形状可千姿百态,景观效果美丽。主要分布在我国河南、山东、河北、山西等地,各地广泛栽种。

一、形态特征与生长习性

(一)形态特征

红叶石楠,常绿小乔木或灌木。平均高 6 ~ 14 m,灌木高 1.2 ~ 2.5 m,树冠呈圆球形。叶片革质,叶片表面的角质层非常厚,长圆形至倒卵状、披针形,叶端渐尖,叶基楔形,叶缘有带腺的锯齿;花多而密,复伞房花序,花白色,花期 5 ~ 7 月;树干及枝条上有刺;果黄红色,9 ~ 10 月成熟。

(二)生长习性

红叶石楠,喜光,喜欢在温暖潮湿的环境下生长。在直射光照下,色彩更为鲜艳。同时,它也有极强的抗阴能力和抗干旱能力,但是不抗水湿。红叶石楠对土壤要求不严格,抗盐碱性较好,耐修剪,耐瘠薄,适合在微酸性的土质中生长,尤喜沙质土壤,在红壤或黄壤中也可以正常生长;能够抵抗低温的环境。

二、红叶石楠的苗木繁育技术

红叶石楠,因新梢及嫩叶鲜红色、美丽漂亮,深受人们喜爱。其优质苗木繁育以扦插繁育为主。

（一）苗圃地的选择

选择土壤肥沃、平坦、排水良好、灌溉条件好、交通较方便的地块。

（二）搭建设施

在选好的地块,搭建塑料大棚,可采用宽 5 ~ 6 m、长 28 ~ 30 m 的竹木大棚或宽 8 ~ 10 m、长 60 ~ 90 cm 的钢管大棚,也可用竹子架和钢管混搭而成。

（三）苗圃地整理

苗圃土壤要在 10 ~ 12 月进行翻耕,翻耕深度在 30 ~ 40 cm,深耕细耙,捡去瓦块、石砾,而后做苗床,苗床底部要铺一层细沙以利排水,土地整平,建立扦插苗床,苗床一般为南北向,以低床为主,灌足底水后晾晒,苗床宽度为 1 ~ 2 cm,步道 25 ~ 30 cm。扦插前要在苗床内铺基质,基质为洁净的黄心土或洁净的黄心土加少量细沙。同时,施入腐熟农家肥每亩 2 500 ~ 3 000 kg,磷酸钙每亩 50 ~ 60 kg。盖上大棚薄膜,外加遮阳网即可。

（四）扦插时间

一般 3 月上旬至 4 月中旬,通过实践观察,8 月中、下旬采穗扦插成活率最高。

（五）插穗处理

选择生长健壮、无病虫害的红叶石楠的单株作为母树,8 月中、下旬选取芽眼饱满、无机械损伤的半木质化的嫩枝或木质化的当年生枝条,剪成 1 叶 1 芽的枝条插穗,插穗长度为 3 ~ 4 cm,每穗保留半片叶片,切口要平滑,上剪口不要留得过长,下切口尽量为马耳状。插穗剪好后,要注意保湿,尽量随剪随插。扦插前,按枝条的节下、中节、上节分别放置并将基部对齐,每 50 ~ 100 根一捆,浸入浓度为 0.05% 的 ABT 溶液中浸泡 1.5 ~ 2 小时,以加快生根速度,提高成活率。

（六）扦插方法

先在苗床上按每平方米 350 ~ 400 根的密度扦插,用粗度适当的小铁棍在土壤中打孔,再将插穗插入孔中,用手挤实,深度以穗长的 1/2 或 2/3 为宜。插好后立即浇透水,叶面用多菌灵或百菌清 1 000 ~ 1 200 倍液喷洒,以提高成活率。

三、肥水管理技术

(一)湿度管理

扦插后 20～25 天,应保证育苗大棚内具有较高的湿度,相对湿度保持在85%以上,小拱棚扦插湿度要保证在95%左右,当湿度不足时及时喷水,湿度过大时则开窗透气放风。再过 15～20 天,棚内湿度保持在40%左右即可。

(二)温度管理

扦插苗圃的棚内温度应控制在 15～38 ℃,最适温度为 23～25 ℃,如温度过高,则应进行及时遮阴、通风或喷水雾降温;过低时应使用加温设备加温,加温时易造成基质干燥,故每隔 2～3 天要检查基质温度,并及时浇水,使基质湿度达到40%～60%,否则,插穗易干枯死亡。

(三)光照管理

光照有杀菌和促进插条生根及壮苗的作用。在湿度有保证的情况下,扦插后的插穗不需遮阴处理,若因阳光强烈使棚内温度过高,可采取短时间遮阴(上午 10 时到下午 14 时)和增加喷水次数来降低棚内温度。扦插后拱棚内的管理主要是通过通风、增湿协调光照与温度之间的关系。

(四)施肥浇水管理

扦插 20～30 天后,当穗条全部发根,新生幼苗生长到高 50～60 cm 时,应逐步除去大棚遮阴网和薄膜,给予比较充足的光照,开始炼苗,结合喷施叶面肥或浇施低浓度水溶性复合肥,以促进扦插苗健壮生长,同时快速成苗。

四、主要病虫害的发生与防治

(一)主要虫害的发生与防治

1. 主要虫害的发生

红叶石楠的主要害虫是黄刺蛾,其食性杂,喜食多种林木果树,河南 1 年发生 2 代。黄刺蛾幼虫于 10 月在树干和枝柳处结茧过冬。第二年 5 月中旬开始化蛹,6～7 月为幼虫期,7 月下旬至 8 月为成虫期;

第 2 代幼虫 8 月上旬发生,10 月结茧越冬。成虫羽化多在傍晚,以 17~22时为盛。成虫夜间活动,趋光性不强。雌蛾产卵多在叶背,卵单产或数粒在一起。每雌产卵 50~60 粒,成虫寿命 4~7 天。幼虫多在白天孵化。初孵幼虫先食卵壳,然后取食叶下表皮和叶肉,剥下上表皮,形成圆形透明小斑,隔 24 小时小斑连接成块。4 龄时取食叶片,形成孔洞;5~6 龄幼虫能将全叶吃光,仅留叶脉。

2. 主要虫害的防治

一是消灭幼龄幼虫。幼龄幼虫多群集取食,被害叶显现白色或半透明斑块等,甚易发现。应及时摘除带虫枝、叶灭杀。二是清除越冬虫茧。采用敲、挖、剪除等方法清除虫茧。三是灯光诱杀。大部分刺蛾成虫具较强的趋光性,可在成虫羽化期于 19~21 时用灯光诱杀。四是喷药 90% 敌百虫晶体 8 000 倍液或 80% 敌敌畏乳油 2 000 倍液防治。

(二)主要病害的发生与防治

红叶石楠的主要病害是炭疽病。发生期在 5~8 月。红叶石楠幼苗期发生苗子叶片发黄、卷曲现象可能是温度太高而造成的烧苗,要及时遮阴通风,改善苗圃环境通风不良现象。同时,每隔 15~30 天,可用 50% 百菌清 800~1 000 倍液或用 50% 代森锌 500 倍液喷雾,以预防病害的发生,促进苗木健壮生长。

第二部分　落叶树种

第十六章 垂柳

垂柳树,又名水柳、柳树、倒杨柳等,是落叶乔木树种。垂柳婀娜多姿,清丽潇洒,是人们喜爱的树种。主要用途:常栽植在风景区、水边、湖边,最宜植在湖岸水池边;作庭荫树孤植在草坪、桥头、建筑物两旁等;作行道树、园路树、公路树。主产分布在我国河南、山东等平原地区水边等地。

一、形态特征与生长习性

(一)形态特征

垂柳树,落叶乔木,平均高达 5~15 m,胸径 50~80 cm。树冠倒广卵形。小枝细长下垂,褐色、淡黄褐色;叶披针形或条状披针形,先端渐长尖,基部楔形,无毛或幼叶微有毛,细锯齿,托叶披针形;花黄色,花期 3~4 月;果熟期 4~5 月。

(二)生长习性

垂柳树,喜光、耐水湿,喜肥沃湿润土壤。萌芽力强,根系发达,较耐水淹,短期水至树顶不会死亡,树干在水中能生出大量不定根。高燥地及石灰性土壤中亦能适应,过于干旱或土质过于黏重时生长差,能成大树,能抗风固沙,寿命长。

二、垂柳树的繁育技术

垂柳树优质苗木繁育技术主要是扦插繁育,该技术简单易行,成活率高,繁殖快,管理方便。应选生长快、病虫少的健壮植株作母树采种采条。

(一)苗圃地的选择

垂柳扦插苗圃一般要选择地势平坦、地面较高、能灌能排、无病虫害的地块。同时,作为垂柳扦插的苗圃地,不能长期连续育苗,育苗 3~4 年后应更换 1 次茬口。这样有利于培育垂柳壮苗,调节田间养分,降低病虫危害程度。

(二)苗圃地的整理

3月上旬,及时耕翻苗地,深度20~30 cm,同时整地前,每亩施入农家肥500~1 000 kg、复合肥80~100 kg、过磷酸钙20~30 kg作基肥,施硫酸亚铁15~20 kg进行土壤消毒。再行耕翻一次,然后开沟,沟宽40~50 cm,深30~35 cm,耙平床面。为降低地下水,一般采用高床南北向、宽3 m左右,有助于采光通风。扦插前也可在苗床上覆盖地膜,有助于提高地温,促进生根,提高扦插成活率,减少日后管理工作量。

(三)种条插穗的选择

扦插种条,应选用无病虫害、无机械损伤、木质化程度高、侧芽饱满、直径为1~1.5 cm的一年生苗木枝条。剪取插穗时,应取种条中部截取插穗,插穗上切口在牙尖上0.8~1 cm处平截,下切口在芽基下0.5 cm处截成马蹄形,插穗长15 cm左右,留3~4芽。插穗剪好后,应使芽尖朝同一方向整齐地放入编织袋中并用细麻绳封口,使芽尖朝上放入流动的河流中浸泡5~7天。

(四)种条扦插时间

优良的种条准备好后,最佳扦插时间在2月下旬至3月上旬,做到随采随处理,随扦插。

(五)大田种条扦插

种条插穗扦插前的处理:应用1:(800~1 000)多菌灵或退菌特溶液浸泡60~70分钟,晾干待用。扦插采用直插法,按行距带线,按株距扦插,株行距30 cm×60 cm,每亩扦插3 500~4 000株,插穗上芽与地面相平。最好覆盖地膜,覆盖地膜时在插穗与地膜之间用土密封。

三、肥水管理技术

(一)浇水管理

种条扦插后,及时浇透水1次,日后根据土壤水分适时松土保墒。保持土壤墒情,有利于提高地温,促进扦插条发根。6~8月幼苗生长高峰期,气温高,在雨水不足时,应及时灌水,以充分发挥苗木生长潜力;若连续阴雨或土壤水分过多,苗圃积水,要及时排出,以防止苗木根系窒息,造成叶片变黄、落叶甚至死亡。11~12月苗木封顶控制浇水,使苗木梢部充分木质化,以利过冬。

(二)追肥管理

苗木生长期,追肥2~3次,每次每亩追施复合肥20~25 kg,分别在5月中旬、6月中旬、7月中下旬。进入8月不再施用氮肥,以免造成苗木徒长,枝梢不能完全木质化而形成冻梢。

(三)幼苗技术管理

新繁育的苗木,特别注意,每次浇水浇透,然后要松土保墒;及时除草,除草要做到"除早、除小、除了",不要让杂草与苗木争夺营养和生长空间。当苗木生长到20~30 cm时,要及时定株,去除基部丛生嫩枝,选留1个通直、生长最好的枝条。在生长期内,尤其是6~8月,当顶芽生长受阻时,萌芽的侧枝应及时清除、打杈、修剪,防止主干生长受到影响。

四、主要病虫害的发生与防治

(一)主要虫害的发生与防治

1. 主要虫害的发生

垂柳树的主要害虫分别是食叶害虫、蛀干害虫。其中食叶害虫为柳蓝叶甲,1年2~3代,5~9月发生危害,交替发生,造成叶片千疮百孔;蛀干害虫为杨透翅蛾、杨干象、天牛类等,6~8月发生危害,造成枝干孔洞,影响树木生长。

2. 主要虫害的防治

垂柳树的食叶害虫柳蓝叶甲的防治:6~8月发生盛期,用三氯杀螨醇1 000~1 200倍液喷叶防治,连续喷布2~3次即可;蛀干害虫防治:6~8月,用敌敌畏1 000倍液喷叶防治,或用注射器往虫孔中注入稀释10倍的敌敌畏溶液,并用棉球或泥土堵塞上下2个虫孔即可。

(二)主要病害的发生与防治

垂柳树的主要病害为溃疡病、黑斑病、锈病等,危害树干或叶片。溃疡病:用退菌灵500~800倍液喷雾防治;黑斑病:用代森锰锌500~600倍液喷叶防治;锈病:用粉锈灵500~700倍液喷叶防治。做到有病及时喷药防治,无病结合治虫加药预防病害。

第十七章　旱柳

旱柳树,又名柳树、立柳,落叶乔木。柳树是园林及城乡绿化树种,是人们喜欢的乡土树种之一。旱柳树的枝条柔软,树冠丰满。主要用途:在城乡绿化带、公园、风景区、水库的沿河、湖岸边及湿地、草地上美化绿化栽植;在城市、乡村可以作行道树、防护林、庭荫树及沙荒造林等树种。主要分布在河南、山东、山西、河北等地,以黄河流域为主要栽培区。

一、形态特征与生长习性

(一)形态特征

旱柳树,落叶乔木,其树高达 15~20 m,胸径 80 cm。树冠倒卵形。大枝斜展,嫩枝有毛,后脱落,淡黄色或绿色;叶披针形或条状披针形,先端渐长尖,基部窄圆或楔形,无毛,下面略显白色,细锯齿,嫩叶有丝毛,后脱落;花分雄花、雌花,花丝分离,基部有长柔毛,花期 4 月;果熟期 4~5 月。

(二)生长习性

旱柳树,喜光。耐寒性较强,在年平均温度 2 ℃,绝对最低温度 −39 ℃下无冻害。喜湿润排水良好的沙壤土,河滩、河谷、低湿地都能生长成林,忌黏土及低洼积水,在干旱、沙丘等地生长不良。深根性,萌芽力强,生长快,多虫害,寿命长。

二、旱柳树的繁育技术

旱柳树的优质苗木繁育技术主要是插条、插干(极易成活),亦可播种繁殖。主要扦插技术如下。

(一)苗圃地的选择

苗圃地一定选择土壤肥沃、浇水方便、交通条件好的地方。湿地更好,方便繁育苗木,成活率高。

(二)种条的选择

种条要选用一年生、无病虫害的优良母树,选择 0.5 cm,即筷子粗条子作种条,截成 30~40 cm 长作插穗最好。

(三)扦插时间

旱柳树,萌芽力强,扦插时间春、夏、秋三季均可。3 月上中旬和 8 月下旬至 9 月上中旬为最好,成活率高,生长旺盛。秋季雨多、土壤湿润,8 月上旬即可插条;当冬季积雪较多时,2 月下旬至 3 月上旬即可插条。若是秋季干旱,冬季又无积雪,可在 7 月雨季插条。

(四)扦插方法

把准备好的种条按照时间进行墩状直播,株行距 30~50 cm,插穗上部露出地面 2~3 cm,然后用脚踏实即可。

三、肥水管理技术

旱柳树幼苗期加强肥水管理,插后及时浇水,每隔 10 天浇一次水,2~3 次即可,浇水时,每亩施入尿素 50 kg。为了不使枝条发杈,每年要进行 3~4 次抹芽。抹芽时,不要伤皮,以免影响条子质量。

四、主要病虫害的发生与防治

(一)主要虫害的发生与防治

1. 主要虫害的发生

旱柳树的主要害虫分别是食叶害虫、蛀干害虫。其中食叶害虫为柳蓝叶甲,1 年 2~3 代,5~9 月发生危害,交替发生,造成叶片千疮百孔;蛀干害虫为杨透翅蛾、杨干象、天牛类等,6~8 月发生危害,造成枝干孔洞,影响树木生长。

2. 主要虫害的防治

旱柳树食叶害虫柳蓝叶甲的防治:6~8 月发生盛期,用三氯杀螨醇 1 000~1 200 倍液喷叶防治,连续喷布 2~3 次即可;蛀干害虫防治:6~8 月,用敌敌畏 1 000 倍液喷叶防治,或用注射器往虫孔中注入稀释 10 倍的敌敌畏溶液,并用棉球或泥土堵塞上下 2 个虫孔即可。

（二）主要病害的发生与防治

旱柳树的主要病害为溃疡病、黑斑病等,危害树干或叶片。溃疡病:在苗木生长期,采用退菌灵 500～800 倍液喷雾防治;黑斑病:采用代森锰锌 500～600 倍液喷叶防治。做到有病及时喷药防治,无病结合治虫预防病害发生危害。

第十八章　桑树

桑树,又名家桑,桑食,落叶乔木。其树冠丰满,枝叶茂密,秋叶金黄,适生性强,管理容易,为风景区、城乡绿化树种。主要用途:是美丽乡村、居民新村、厂矿绿地美化环境树种,又是农村"四旁"绿化的主要树种。在园林绿化中,与喜阴花灌木配植成树坛、树丛或与其他树种混植成风景林,果能吸引鸟类,可构成鸟语花香的自然景观。桑树经济价值很高,叶饲蚕,根、果入药,果酿酒,木材供雕刻。茎皮是制蜡纸、皮纸和人造棉的原料。主要分布在我国河南、山东、河北、青海、甘肃、陕西、广东、广西、四川、云南等地。

一、形态特征与生长习性

(一)形态特征

桑树,属落叶乔木,其树高达 10 ~ 15 m,胸径 1 ~ 2 m。树冠倒卵圆形;叶卵形或宽卵形,先端尖或渐短尖,基部圆形或心形,锯齿粗钝,幼树之叶常有浅裂、深裂,上面无毛,下面沿叶脉疏生毛,脉腋簇生毛。花期 4 月;果为聚花果(桑椹),紫黑色、淡红色或白色,多汁味甜。果熟期 5 ~ 7 月。

(二)生长习性

桑树,喜光,对气候、土壤适应性都很强。耐寒,耐 -40 ~ -30 ℃的低温;耐旱,不耐水湿。也可在温暖湿润的环境中生长。喜深厚疏松肥沃的土壤。抗风,耐烟尘,抗有毒气体。根系发达,生长快,萌芽力强,耐修剪,寿命长。

二、桑树的繁育技术

桑树的优良苗木繁育技术主要是播种、扦插、分根、嫁接繁育。其种子播种育苗技术如下:

（一）采收种子

桑树采种应该选择母树生长健壮、无病虫害的大树。当桑树果实充分成熟时人工采收。采后的果实堆放在晒场上，堆放 2~3 天，堆放时要用草珊子或麻袋片覆盖。在堆放过程中要注意经常翻动，防止温度过高发热，影响种子的成活率。然后进行洗种，淘洗前，先将桑椹捣烂，然后放入细眼箩内，用净水漂洗，得到饱满的种子。洗净的种子需摊放在通风处晾干，不可暴晒，以免降低发芽率。

（二）种子贮藏

春播的桑树种子，需要用低温、干燥等方法贮藏，抑制其呼吸作用，减少种子内养分的消耗，才能提高出芽率。贮藏技术方法：把充分干燥的桑籽装入塑料袋，贮放在 3~4 ℃低温的冰箱或冷库内；也可把桑籽装进布袋，贮藏在以生石灰为干燥材料的容器内。桑籽重量为生石灰的 1.4~1.9 倍，两者之间用物隔开。容器内留 1/3 的空隙，密封后放在阴凉干燥处。特别注意，桑树种子不可在温暖多湿的环境下随意放置，否则会降低种子发芽率。

（三）苗圃地的选择

桑树苗圃地以选择地势平坦、土壤肥沃、日照充足、排灌便利，同时没有种植过桑树的地块为宜。

（四）苗圃地的整理

为了给繁育苗木创造良好的生长条件，苗圃地要深耕、施基肥、作畦。深耕的目的提高土壤肥力和出苗率。施基肥的目的是让苗木能在较长时间内吸收到养分，基肥以有机肥为主，每亩施腐熟农家肥 400~500 kg 和化肥 40~50 kg，结合深耕把基肥翻入土中。作畦时精耕细耙，耙匀基肥，然后起畦，要求做到畦面平、土粒细。畦宽 90~120 cm、高 20~25 cm，畦间距 30~40 cm。

（五）播种时间

桑树种子播种分为秋播和春播。当年采种，当年播种，播种时间为 9 月中下旬，即秋播；种子采收后，第 2 年 3 月播种育苗的，即春播。

（六）播种方法

春播种子育苗，播种前，用 39~40 ℃的温水浸泡，并不停搅拌，待水凉后继续浸泡 12~24 小时,捞出后稍加晾干即可播种。播种方法分撒播和条播两种。撒播是将桑籽用 4~5 倍沙子或细土拌匀后,均匀地撒在已整好的畦面上,然后用扫帚轻扫畦面,并用木板轻轻镇压,使桑籽与土壤紧密接触。条播是先在畦面上开播种沟,然后将种子撒在播种沟内,覆土厚 0.5~1 cm。播种沟与畦向垂直,沟距 15~20 cm,沟深 8~10 cm、宽 8~10 cm,沟底要平坦,泥土要充分打碎,略压实,保证出苗整齐。每亩用种量撒播为 0.75~1.5 kg,条播为 0.5~1.0 kg 即可。春播和夏播,均可当年出圃。每亩出苗 1.5 万~2.0 万株。

三、肥水管理技术

播种后的苗圃管理水平直接影响到苗木的质量和数量。苗期要加强科学技术管理,其主要工作环节如下。

(一)浇水排灌

播种后要保持土壤湿润,每隔 24 小时浇水灌溉一次,灌水不宜高于畦面,要速灌速排,以免受涝,及时排掉苗圃积水。

(二)覆盖揭草

从播种到出苗,春播 10~15 天,夏播 8~10 天。此时期,桑种子吸水膨胀,快速萌芽生长。及时补充水分,是出苗率高的保障。幼苗出苗前覆盖草席防晒;幼苗出齐后就可揭除盖草,以利吸收阳光。揭草宜在阴天或傍晚进行,如遇干旱或日晒过猛,应分次揭草,以防桑苗灼伤。从出苗到长出 5~6 片真叶时是缓慢生长期。但是,此时期根系生长快,地上部分生长慢。

(三)幼苗管理

桑树幼苗长出 2~3 片叶时,及时进行第一次间苗,按株距 3~4 cm,把过密的、细小的幼苗拔去;在桑苗长出 5~6 片叶时再间苗一次,株距 4~5 cm。苗木过疏的地方,在雨后进行移苗补植。两次间苗后,一般每亩留苗量 1.5 万~2.0 万株;以培养砧木为目的时,通常每亩留苗 3 万株左右。

(四)施肥追肥

苗期追肥 2~3 次,追肥可用尿素,追肥时间在幼苗长出 3~4 片叶时施肥,每亩用尿素 3 ~ 4 kg,施肥后用树叶将苗木抖动一次,避免肥料沾在叶片上将其灼伤,然后淋水。

(五)清理除草

幼苗期,在揭去盖草后,及时除草。6 ~ 8 月,高温时期苗木处于幼龄阶段,易受灼伤而影响成活。秋播在秋分前后即秋季气温高、干旱时进行,应注意加强肥水管理。

四、主要病虫害的发生与防治

(一)主要虫害的发生与防治

1. 主要虫害的发生

桑树的主要虫害是地下害虫,有地老虎、蝼蛄等,4 ~ 9 月,在地下交替危害,主要危害幼苗根系。

2. 主要虫害的防治

及时发现虫害,及时喷杀虫剂。可用森得宝 1 kg 兑水 2 kg,拌沙或细土 20 ~ 25 kg,制成毒土,傍晚撒于桑根附近,效果较好。

(二)主要病害的发生与防治

桑树的主要病害是猝倒病,该病害主要危害苗木,尤其是在苗期发生后,造成新生幼苗猝倒或死亡苗株的症状时,应立即用多菌灵 500 ~ 800 倍液喷洒幼苗或用 50% 甲基托布津 300 ~ 400 倍液防治;在苗木生长期作为预防,在苗圃地播种后,及时用 50% 多菌灵 300 ~ 400 倍液淋施幼苗 1 ~ 2 次。

第十九章　构树

构树,又名褚桃、构桃,落叶乔木。其枝叶茂密,抗干旱、耐瘠薄,适应性广,是人们喜爱的四旁树及防护林树种,又是农村绿化、矿区绿化、景观绿化的优良树种。构树分雌雄株,在城市园林绿化、公园美化、防护林带等地种植雌株,其果实为聚花果,红色鲜艳美观,能吸引鸟类觅食,以增添景区、公园内鸟语花香的山林野趣,很受欢迎。主要分布在我国河南、河北、山东等各省。

一、形态特征与生长习性

(一)形态特征

构树,属落叶乔木,平均高达 10 ~ 16 m,胸径 50 ~ 70 cm。树皮浅灰色;小枝密被丝状刚毛;叶卵形,叶缘具粗锯齿,不裂或有不规则 2 ~ 5 裂,两面密生柔毛;聚花果圆球形,橙红色,花期 4 ~ 5 月;果熟期 7 ~ 8 月。

(二)生长习性

构树,喜光,耐干旱、耐瘠薄,亦耐湿,生长快,病虫害少,根系浅,侧根发达,根蘖性强;对气候、土壤适应性强;对烟尘及多种有毒气体抗性强。

二、构树的繁育技术

构树的优良苗木繁育技术主要是播种繁育。其种子播种育苗技术如下:

(一)种子采收

种子采收时间在 8 月下旬至 10 月,人工采集成熟的构树果实,装在大锅或桶内捣烂,漂洗 2 ~ 3 次,除去渣质,把获得的纯净种子在晒场晾干,即可干藏备用。

（二）苗圃地的选择

要选择背风向阳、疏松肥沃、深厚的壤土地作为苗圃地。

（三）苗圃地的整理

9～10月,及时翻犁苗圃地一遍,同时去除杂草、树根、石块等杂物。播种前25～30天,施入基肥,每亩施入农家肥800 kg,同时施入粉碎的饼肥150 kg,而后精耕细耙土壤。

（四）种子播种

播种时期为3月中旬至4月上旬。播种方法:采用窄幅条播,播幅宽5～6 cm,行间距20～25 cm,播前用播幅器镇压,将种子与细土按1∶1的比例混匀后撒播,然后覆土0.3～0.5 cm,稍加镇压即可。需盖草保湿、保墒。

三、肥水管理技术

种子播种后,对于盖草育苗的,当出苗达1/3时开始第一次揭草,3～4天后第二次揭草。当苗出齐后7～8天用细土培根护苗。此间注意保湿、排水。幼苗进入速生期可追施化肥2～3次。同时加强松土除草、间苗等技术管理。8～9月,当年繁育的幼苗高达40～50 cm。

四、主要病虫害的发生与防治

构树,尤其是构树苗期病虫害非常少见。应多注意观察,提早做好预防,减少病虫害的发生。

第二十章　玉兰

玉兰,又名白玉兰、望春花,落叶乔木。玉兰花大清香,亭亭玉立,为名贵早春花木树种,深受群众喜爱。主要用途:在园林绿化、风景区、美丽乡村建设中,经常丛植在草坪、路边、亭台、洞门内外,构成春光明媚的春色景观。主要分布在我国河南、山东、安徽、江西、湖南、北京及黄河流域各地。

一、形态特征与生长习性

(一)形态特征

玉兰树,落叶乔木,树冠卵圆形,平均高达 15~20 m。树皮深灰色,老时粗糙开裂;叶宽倒卵形,先端宽圆或平截,有突尖的小尖头,叶柄有柔毛。花白色芳香,花芽大,顶生,密被灰黄色长绢毛,花先叶开放,花大,单生枝顶,直径 12~15 cm,花期 3~4 月;果聚合蓇葖,圆柱形,木质褐色,成熟后背裂露出红色种子,果熟期 8~9 月。

(二)生长习性

玉兰树,喜光,稍耐荫,较耐寒,生长缓慢,寿命长。能耐 -20 ℃低温。喜肥,喜深厚、肥沃、湿润及排水良好的土壤。根系肉质,易烂根,忌积水低洼处。不耐移植,不耐修剪,抗二氧化硫等有害气体能力较强。

二、玉兰树的繁育技术

玉兰树的优良苗木繁育技术主要是播种、嫁接、扦插等。播种繁育的苗木主要用于培养砧木。嫁接以实生苗作砧木,进行劈接、腹接或芽接,以培育提早开花的苗木。扦插繁育,即采取 6 月初新梢进行大田繁育,也可培育提早开花的苗木。

(一)种子播种繁育

9～10月,为种子的成熟期,当蓇葖转红绽裂时即采收种子。种子采收早,采的种子不发芽;种子采收晚,种子易脱落散失。采收后的种子,及时采下蓇葖后经薄摊处理,将带红色外种皮的果实放在冷水中浸泡搓洗,除净外种皮,取出种子晾干,层积沙藏,第二年2～3月播种,一年生苗高可达25～30 cm。培育大苗者于次春移栽,适当截切主根,重施基肥,控制密度,3～5年即可培育出树冠完整、稀现花蕾、株高3 m以上的合格苗木。定植2～3年后,即可进入盛花期。种子繁育的苗木生长势旺盛,适应力强。

(二)嫁接苗木繁育

采用的砧木是紫玉兰、山玉兰等木兰属植物,在砧木育苗上,采取切接、劈接、腹接、芽接、劈接等嫁接技术即可,成活率高,生长迅速。嫁接繁育的苗木开花早,一般用紫玉兰为砧木成活率高。

(三)扦插苗木繁育

(1)扦插时间。春季3～4月,即气温保持在20～25 ℃时苗木生根最快。温度过低则生根慢,过高则易引起种条插穗切口腐烂。在有条件时,人工控制温度,一年四季均可扦插。

(2)种条选择。种条要选择生长健壮、没有病虫害的枝条作插穗。同时,选择种条插穗以当年生枝成活率最高;嫩枝插是带叶扦插。选择当年生发育充实的半成熟枝条作插穗,采集的种条插穗要精心修剪处理。

(3)种条插穗处理。春季扦插的种条,剪截插穗长8～10 cm,50根一捆,用50 mg/kg萘乙酸浸泡基部6～8小时;嫩枝插即带叶扦插。选择当年生发育充实的半成熟枝条作插穗,剪截插穗长8～10 cm,每个插穗带2～3叶片,叶片要剪去一半,以减少日光蒸发量。半片叶便于种条光合作用制造养料,促进生根。嫩枝插的插穗做到随采、随扦插,以防萎蔫,影响成活。

(4)种条扦插。种条扦插要提前做畦,畦宽90～100 cm,长3～5 m。畦内选择沙土或蛭石粒和沙土或蛭石两种做基质,经过5～7天的消毒或暴晒;株行距1.2 cm×2.5 cm,种条扦插的深度,把握在使枝条稳固,浇水不倒伏就可以了。扦插后的苗木,要放置在半阴的地方,保持空气和土壤湿度,同时搭建遮阴网,防止晒伤苗木。45～50天即可生根发芽。

三、肥水管理技术

(一)及时浇水

玉兰既不耐涝,也不耐旱,应适时浇足、浇透。在生长期,干旱情况下,25～30天浇一次水;7～9月,秋季雨后要及时排水,防止因积水而导致烂根,及时进行松土除草保墒。在连续高温干旱天气的情况下,在根部浇水的同时还应予以叶面喷水,喷水应注意雾化程度,雾化程度越高,效果越好。

(二)遮阴防晒

7～9月,要对苗木进行遮阴,特别是防止高温日晒伤害苗木。

(三)施肥技术

玉兰喜肥,苗木生长期及时施入化肥2～3次,花前要施用氮、磷、钾复合肥。肥料充足可使植株生长旺盛,叶片碧绿肥厚;尤其是3年生的幼苗施肥后不仅着蕾多,而且花大,花期长,芳香馥郁。

(四)整枝修剪

整枝修剪的目的是改善树冠通风透光条件,促使花芽分化,可保持玉兰的树姿优美,使第二年花朵硕大鲜艳。

四、主要病虫害的发生与防治

(一)主要虫害的发生与防治

1. 主要虫害的发生

玉兰树的主要食叶害虫有大蓑蛾、霜天蛾、红蜘蛛,蛀干害虫是天牛,它们是常见害虫,主要集中在6～9月苗木生长期内,交替、重叠发生,危害叶片和枝干。

2. 主要虫害的防治

6～9月苗木进入快速生长期,可用80%敌敌畏乳油800倍液或50%杀螟松乳油800倍液杀灭大蓑蛾;用Bt乳剂800倍液或50%杀螟松乳油 800 倍液杀灭霜天蛾;用 40% 三氯杀螨醇 800 倍液或灭蚜威 1 500 ~ 2 000 倍液杀灭红蜘蛛;用绿色威雷 500 倍液杀灭天牛。

(二)主要病害的发生与防治

1. 主要病害的发生

玉兰树是抗病性较强的树种,苗木生长期,主要病害有炭疽病、黄化病和叶片灼伤病。炭疽病发病症状和规律:炭疽病主要危害玉兰的叶片。多从叶尖或叶缘开始产生不规则状病斑,或于叶片表面着生近圆形的病斑。病斑初期呈褐色水渍状,表面着生有黑色小颗粒,边缘有深褐色隆起线,与健康部位界线明显。炭疽病的病菌以菌丝体在树体或落叶上越冬,第二年春天产生分生孢子,借风、雨水传播到植株上,孢子在水滴中萌发,侵入叶片组织,引起发病。在夏季高温高湿期为发病高峰期。植株水肥管理不到位、密不通风、长势衰退时,极容易发生病害。

2. 主要病害的防治

加强水肥管理,增强树势,提高抗病能力;及时清除病叶,秋末将落叶清除并集中进行烧毁;在发病初期,可用 75% 百菌清可湿性颗粒 800 倍液,或 70% 炭疽福美 500 倍液进行喷雾,6 ~ 8 月,每 10 ~ 15 天喷一次,连续喷 3 ~ 4 次可有效控制住病情。

第二十一章 贴梗海棠

贴梗海棠树,又名贴梗木瓜、皱皮木瓜,落叶灌木。贴梗海棠繁花似锦,花色艳丽,是常用的人们喜爱的绿化花木树种。主要用途:在园林绿化、风景区、美丽乡村建设的草坪一角、树丛边缘、池畔、花坛、庭院墙等地栽植。主要分布在我国河南、河北、山东、陕西、甘肃、四川、贵州、广东、湖南、湖北、江西、浙江、江苏、安徽等地。

一、形态特征与生长习性

(一)形态特征

贴梗海棠树,落叶灌木,高 1.5 ~ 2 m。小枝开展,无毛,有枝刺;叶卵形至椭圆形,先端尖,叶缘锯齿尖锐,两面无毛,有光泽;托叶肾形、半圆形,有尖锐重锯齿;花红色、淡红色、白色,3 ~ 5 朵簇生在 2 年生枝上,花柱基部无毛或稍有柔毛,花期 3 ~ 5 月;果为梨果,卵形至球形,径 4 ~ 6 cm,黄色、黄绿色,芳香,近无梗。果熟期 9 ~ 10 月。

(二)生长习性

贴梗海棠树,喜光,亦耐荫。适应性强,耐寒、耐旱。喜排水良好的肥沃壤土,耐瘠薄,不耐水涝。耐修剪。

二、贴梗海棠树的繁育技术

贴梗海棠树的优良苗木繁育技术主要是采用扦插繁育苗木。

(一)苗床制作

贴梗海棠的苗木繁育要制作苗床,才能扦插苗木。苗床底层,以沙床垫 14 ~ 16 cm 厚的河泥、煤渣、砾石、粗沙作渗水层,表层铺 16 ~ 22 cm 厚的细河沙作扦插基质,扦插前沙床要喷水,使持水量达到四成饱和,而后将沙压实,刮平待用。使用时用 0.1% ~ 1% 高锰酸钾溶液彻底杀菌消毒。

(二)种条选择

在生长健壮、无病虫害的幼龄母株上,选择粗壮饱满、生长旺盛的半木质化嫩枝作种条插穗。

(三)苗木扦插时间

贴梗海棠树的扦插时间在 6~8 月的苗木生长期,同时也是苗木扦插成活率高的苗木繁育时期。

(四)种条处理

人工修剪为长度 10~15 cm 的枝节为宜,剪去基部叶片,保留其上部叶片,下切口要靠近腋芽,50 根一捆,同时用 ABT 生根粉对贴梗海棠插穗进行处理,将 ABT 生根粉按 1∶1 000 比例配成溶液,再将种条插穗基部放入溶液中浸 8~24 小时即可备用。

(五)扦插种条

种条插穗处理后,按 1.5 cm×3 cm 株行距扦插,扦插深度以种条的 1/3、保留 1 个芽眼为宜。

三、肥水管理技术

(一)温湿度和光照管理

贴梗海棠树嫩枝扦插时,要求空气相对湿度在 85%~95%,温度在 20~28 ℃,以 25 ℃为宜,同时还需适宜的光照条件。

(二)浇水管理

扦插后立即浇一次透水,可使插穗与基质紧密接触。用喷水的方式提高空气湿度,喷水量不宜太大,尤其是扦插基质内不能积水,否则易导致插条下端腐烂。喷水量一般以每天 2~3 次为宜,高温时可时喷 3~4 次。

(三)遮阴管理

搭建遮阴网,既可防止阳光直射,又可降低温度。还可采取喷水、通风等措施处理。在扦插后期,插穗生根后,还必须适当增加光照,促使叶片的光合作用,使植株生长健壮。伏天施一次有机肥。插穗生根后,需逐渐增加透光强度和通风时间,使其逐步适应外部环境。插穗成活后,要及时移栽,移栽后同样要加强综合管理。移栽初期要采取遮阴、浇水等措施,成苗后要搞好抹芽、松土、防治病虫害等工作。

四、主要病虫害的发生与防治

(一)主要虫害的发生与防治

1. 主要虫害的发生

贴梗海棠树的主要害虫是黄刺蛾幼虫,黄刺蛾幼虫一般群集在叶片的背面,夜间吃食叶片,严重时可将全株的叶片吃光。

2. 主要虫害的防治

5 ~ 8 月,在羽化盛期的晚上,用黑光灯诱杀成虫。苗木生长期,6 ~ 9 月,幼虫大量发生时,用 2.6% 臭氰菊酯乳油 3 000 倍液喷洒。

(二)主要病害的发生与防治

1. 主要病害的发生

贴梗海棠树的主要病害为梨锈病,也叫梨桧锈病。发生危害的传播途径是经两个寄主侵染。第一寄主为柏类植物;第二寄主为贴梗海棠、垂丝海棠、山褚等。病菌侵入桧柏等后,第一年会在叶腋或小枝上产生淡黄色斑点,然后肿大起来。第二年 2 ~ 3 月,即会产生咖啡色米粒状物,突破表皮,即为冬孢子角。贴梗海棠作为第二寄主染上冬孢子角后,叶片正面在 4 ~ 5 月上旬会出现黄绿色的小斑点,再扩大成圆形黄病斑。病斑上早期会出现数个小黄点,后期变为黑色,使叶背相应处逐渐增厚,产生一些灰白色毛状物,8 ~ 9 月变成黄褐色粉末状物。严重时,病叶满株,叶片畸形,表面凹凸不平,导致叶片早枯早落,甚至使植株死亡。

2. 主要病害的防治

一是 3 月上旬用石硫合剂配成 4 ~ 5 波美度的药液,10 ~ 15 天喷洒 2 ~ 3 次进行预防;二是贴梗海棠附近不种植柏类植物等第一寄主;三是发病期用 20% 粉锈宁 400 ~ 500 倍液喷洒,或用 50% 退菌特可湿性粉剂 800 倍液,10 ~ 15 天喷洒一次。

第二十二章　木瓜

　　木瓜树,又名万寿果、乳瓜,落叶乔木树种。木瓜树花艳果香,是园林绿化、四旁植树的主要树种。主要用于美丽乡村建设、园林绿化、风景区孤植,也可丛植庭院前、建筑门前等地,具有赏花观果作用。主要分布在我国山东、安徽、浙江、江苏、江西、河南、湖北、广东、广西、陕西等省区,各地常见栽培。

一、形态特征与生长习性

(一)形态特征

　　木瓜树,落叶小乔木,平均高 8 ~ 10 m。树皮不规则薄片状剥落。嫩枝有毛,芽无毛。叶卵形、卵状椭圆形,先端急尖,叶缘芒状腺齿,嫩叶下面密生黄白色绒毛,后脱落,叶柄微有柔毛,有腺齿;托叶卵状披针形,有腺齿。花单生叶腋,粉红色,叶后开放,花期 4 ~ 5 月;果为梨果,椭球形,暗黄色,木质、芳香。果熟期 8 ~ 10 月。

(二)生长习性

　　木瓜树,喜光照,耐侧荫。适应性强,露地越冬。喜肥沃、排水良好的向阳、日照充足的壤土,不耐积水或盐碱地,不易栽种在风口。生长较慢,8 ~ 10 年开花。

二、木瓜树的繁育技术

　　木瓜树的优质苗木繁育技术主要是播种繁育苗木。

(一)种子采收

　　9 ~ 10 月,选择果树健壮、无病虫害的母树,挑选完整、鲜艳、有芳香气味的果实,人工采收。取出种子,晾晒备用。

(二)播种时期

　　一般在 10 ~ 11 月播种,宜选在晴天进行。

（三）种子播种

播种前种子进行浸种、催芽处理。木瓜种子先用 55 ℃ 水烫种,自然冷却后,用 800 倍甲基托布津消毒 15 分钟,然后捞起用清水搓洗干净后,用清水浸种 8～10 小时,捞起来用湿布包三层,用 35 ℃ 左右的温度进行催芽,每天翻拌及喷一次温水,按照 3 cm×20 cm 的株行距,把裂嘴的种子及时播种,催芽 7 天后,没有裂嘴的种子分开播种苗圃即可。

三、肥水管理技术

木瓜树苗木生长期的管理十分重要。为了提高木瓜树的成苗率,使幼苗健壮,应及时盖上薄膜,以提高苗床温度,促进快速萌芽,破土萌芽后掀去薄膜。待木瓜树小苗根系布满介质时,移植到预先准备好的大田进行育大苗,苗土保持半干半湿至偏干些即可,苗床上用透明膜搭建拱棚进行保温,有霜时加盖一层薄膜或稻草,防止木瓜树苗受冻。早春加强肥水管理。

四、主要病虫害的发生与防治

（一）主要虫害的发生与防治

1. 主要虫害的发生

木瓜树常见的害虫主要有蚜虫、红蜘蛛类、介壳虫等,主要危害叶片。尤其是蚜虫,在河南一年发生 5～6 代,重叠、交替发生,危害严重。

2. 主要虫害的防治

4～8 月,喷布药物防治,尤其是第一代蚜虫尚未卷叶前,喷松蚜威 1 500 倍液或吡虫啉 1 000 倍液或溴氰菊酯 1 200 倍液;5 月上中旬,将树干上的老皮去掉,涂 6 cm 宽吡虫啉药环,涂后用塑料布包好;发生初期,人工剪除被害枝条,集中烧毁。

（二）主要病害的发生与防治

木瓜树幼苗的主要病害是立枯病,幼苗茎基部和中部都可发生暗褐色梭形斑,随病情发展,病斑凹陷、缢缩,最后病苗干枯、死亡。防治技术:加强苗床管理,控制浇水,避免育苗土太湿,注意通风透光,防止雨水淋湿;发病初期及时拔除病苗,并喷50%多菌灵500~600倍液等农药,控制病菌蔓延。

第二十三章　樱花

　　樱花树,俗称樱花,落叶乔木树种。樱花树春日繁花竞放,轻盈娇艳,醉人心扉,宜成片群植,落英缤纷,既幽雅又艳丽,是人们喜爱的观赏树种。主要用途:在美丽乡村、园林绿化、风景区、公园等美化绿化建设中,常散植或片植于草坪、溪边、林缘、坡地、路旁。主要分布在我国河南、山东等地及长江流域和东北南部地区。

一、形态特征与生长习性

(一)形态特征

　　樱花树树皮栗褐色,光滑,小枝赤褐色,无毛,有锈色唇形皮孔;叶卵形或卵状椭圆形,长 6～12 cm,两面无毛;花 3～5 朵,呈短伞总状花序,花白色或淡红色,单瓣,花梗与萼无毛,花期 4 月;果卵形,由红变紫褐色,果熟期 7 月。

(二)生长习性

　　樱花树,喜光,稍耐荫,喜凉爽、通风的环境,不耐火热,耐寒。喜深厚肥沃、排水良好的土壤,过湿、过黏土壤中不易种植,不耐旱,不耐盐碱。根系浅,不耐移植,不耐修剪。

二、樱花树的繁育技术

　　樱花树的优良苗木繁育技术主要是采用种子播种、扦插、嫁接繁育方法。以嫁接为主繁育苗木的,主要砧木用樱桃、桃、杏及其实生苗。扦插和嫁接繁育的苗木,可以提早开花。

(一)播种育苗

1.苗圃地的选择

　　选择土壤肥沃、腐殖质较多的沙质壤土和黏质壤土,并且要浇灌方便、避风向阳、通风透光。

2. 播种时间

种子播种时间一般选择 3 月中旬,温度在 8 ~ 18 ℃,湿度适宜,有利于种子发芽生长,即可播种。

3. 大田播种

采用播种方式繁殖樱花时,注意勿使种胚干燥,应随采随播或进行湿沙层积后第二年春季大田播种。嫁接繁殖可用樱桃、山樱桃的实生苗作砧木。在 3 月下旬切接或 8 月下旬芽接,接活后经 3 ~ 4 年培育,可出圃栽种。

(二)扦插育苗

1. 种条的选择

6 月中上旬至 9 月中上旬,选择无病虫害的健壮树为种条母树,在母树上选择当年萌发的半木质化枝条作种条。

2. 制作插床

选择平坦、阴凉、方便排水的地方,搭建宽 1.2 ~ 1.5 m、长 5.0 ~ 6.0 m 的塑料小拱棚,拱棚高 70 ~ 90 cm。底部先下挖 25 cm,而后铺垫厚 10 cm 左右的炉渣,上面再铺厚 10 cm 左右的膨胀珍珠岩或青沙作为扦插基质,浇透水。

3. 种条整理

采收的种条应及时剪成 10 ~ 15 cm 长的枝段,每个枝段保留顶部 2 ~ 3 片叶,其余叶片连同叶柄一起摘掉,插条下切口用利刃平切,要求切面平整。把剪好的插条捆成 50 ~ 100 枝的一捆,放在阴凉潮湿的地方,将插条基部 3 ~ 4 cm 放在 ABT 生根粉 1 号浓度为 50 mg/L 的溶液中,浸泡 5 ~ 8 小时即可扦插。

4. 种条扦插

选择好的种条,按株距 3 cm、行距 5 cm 扦插于插床内(以插条叶片互不重叠为宜)。扦插时先用稍粗于插条的短木钎打孔,然后将插条放入孔内,压实插条周围的基质,使基质与插条紧密接触,扦插深度为 4 ~ 5 cm。

三、肥水管理技术

（一）种条插后温度管理

种条扦插后,立即用清水洒透,盖严棚膜,相对湿度保持在95%以上。以后每天清晨适量喷洒清水1次。拱棚内温度宜保持在30 ℃左右,若超过35 ℃可洒水降温,基质温度以25 ℃左右为宜。

（二）种条扦插后浇水、通风管理

种条扦插初期洒水量应偏大一些,以后逐渐减少洒水量,保湿。种条扦插后10～15天开始生根时,拱棚内早晚可适当通风,随后逐渐加大通风量,延长通风时间。当种条根长达到3～5 cm、每插条有3～5条根时即可移栽。

（三）苗木生长期管理

樱花树苗木,每年施肥2次,以酸性肥料为好。第一次施肥时间为11～12月,主要施入豆饼、鸡粪和腐熟肥料等有机肥;第二次施肥时间为4月下旬,主要施入硫酸铵、硫酸亚铁、过磷酸钙等速效肥料。施肥方法:采用穴施的方法,即在树冠正投影线的边缘,挖一条深8～10 cm的环形沟,将肥料施入。此法既简便,又利于根系吸收,以后随着树的生长,施肥的环形沟直径和深度也随之增加。

（四）修枝修剪技术管理

3月上旬发芽前或4月下旬花后,需剪去枯枝、病弱枝、徒长枝,尽量避免粗枝的修剪,以保持树冠圆满、树姿优美。

四、主要病虫害的发生与防治

（一）主要虫害的发生与防治

1. 主要虫害的发生

樱花树的主要害虫是蚜虫、红蜘蛛、介壳虫等。它们主要危害叶片和枝干,1年1～2代,重叠发生危害,造成树势衰弱或死亡,必须提早预防。

2. 主要虫害的防治

对于蚜虫、红蜘蛛、介壳虫等虫害应以预防为主,每年4月初或生长期喷药 3~4 次,第一次在花前,第二次在花后,第三次在 7~8 月,可以用溴氰菊酯 1 000 倍液防治蚜虫、红蜘蛛;用介壳灵 1 000~1 200 倍液喷雾杀灭介壳虫。

(二)主要病害的发生与防治

1. 根癌病的发生与防治

主要发生于主干基部,有时也发生于根颈或侧根上,病部产生肿瘤,初期乳白色或肉色,逐渐变成褐色或深褐色,圆球形,表面粗糙,凹凸不平,有龟裂,感病后根系发育不良,细根极少,地上部生长缓慢,树势衰弱,严重时叶片黄化、早落,甚至全株枯死。防治方法:一是发现根癌病的苗木必须集中销毁,苗木栽种前最好用 1% 硫酸铜浸 5~10 分钟,再用水洗净,然后栽植。二是发现病株可用刀锯彻底切除癌瘤及其周围组织。三是对病株周围的土壤也可按每平方米 50~100 g 的用量,撒入硫黄粉消毒,同时注意进行土壤改良。

2. 叶枯病的发生与防治

夏季叶上发生黄绿色的圆形斑点,后变褐色,散生黑色小粒点,病叶枯死但并不脱落。防治方法:一是摘除并焚烧病叶,发芽前喷波尔多液。二是在 5~6 月喷 65% 代森锌可湿性粉剂 500 倍液,每隔 7~10 天喷一次,连喷 2~3 次即可。

第二十四章　合欢

　　合欢树,又名绒花树、夜合树、马缨花,落叶乔木树种。合欢树树冠开阔,绿荫浓密,叶清丽纤秀,夏日绒花满树,是优良的庭院观赏树种。主要用途:城市园林中用作行道树、庭荫树,也可在庭园、公园、居民新村、工矿区、郊区"四旁"及风景区种植。合欢有固土作用,可作江河两岸护堤林。主要分布在我国河南、山东、大连、北京等地及黄河流域。

一、形态特征与生长习性

(一)形态特征

　　合欢树,落叶乔木,平均高达 12 ~ 16 m。树冠伞形。小枝有棱无毛。叶有羽片 4 ~ 12 对,小叶镰刀形,花萼及花冠均黄绿色。雄蕊多数,长 24 ~ 40 mm,伸出花冠。花期 6 ~ 7 月;果为荚果,扁条形,果熟期 9 ~ 10 月。

(二)生长习性

　　合欢树,喜光,耐侧荫,稍耐寒。河南地区应选平原或低山小气候较好的地方种植。对土壤适应性强,喜排水良好的肥沃土壤,耐干旱瘠薄,不耐积水。浅根性,有根瘤菌,抗污染能力强,不耐修剪,生长快。树冠易偏斜,分枝点低,复叶朝开暮合,雨天亦闭合。

二、合欢树的繁育技术

　　合欢树的优质苗木繁育技术主要采用播种技术。

(一)苗圃地的选择

苗圃地选择地势高、平坦、土壤肥沃、无病虫害的地块为佳。

(二)种子采收

　　选用树干通直、品种优良、树龄 15 ~ 20 年以上的母树采集种子。10 月种子成熟期采种,人工采收后的种子,去杂质,而后干藏至第二年春即可播种。

（三）作畦整地

在 10 ~ 12 月，深翻土壤，耕地深度 30 cm 以上，结合深翻每亩施农家肥 5 000 ~ 8 000 kg、复合肥 150 kg。第 2 年 2 ~ 3 月，土壤解冻后开始耙地，然后以南北方向做成宽 45 ~ 50 cm 的高畦。

（四）种子播种

3 ~ 4 月初，选晴朗无风天开始播种。种子处理：播前用 60 ~ 80 ℃热水浸种，每 24 小时换水 1 次，第三天取出，混合湿沙放置在背风温暖的地方进行保湿催芽，6 ~ 7 天后露白时播种。用锄在畦上开浅沟，每畦两行，行距 30 cm，然后顺沟撒种，浅覆土，厚约 1 cm，保持土壤湿润，4 天左右可出芽。

三、肥水管理技术

当合欢树幼苗长出 2 ~ 3 片真叶、高 14 ~ 15 cm 时，结合除草进行间苗，株距 15 cm。结合浇水进行施肥，亩施尿素 50 kg，分三次施入，并浅中耕 2 ~ 3 次。雨季注意排涝。苗木生长期及时修剪侧枝，保证主干通直。移植宜在芽萌动前进行，但移植大树时应设支架，以防被风刮倒。冬季于树干周围开沟，施肥 1 次。

四、主要病虫害的发生与防治

（一）主要虫害的发生与防治

1. 主要虫害的发生

合欢树的主要害虫较少，主要是合欢天牛，2 年 1 代，危害枝干。

2. 主要虫害的防治

5 ~ 8 月，苗木生长期，用煤油 1 kg 加 80% 敌敌畏乳油 50 g 灭杀天牛，或用 80% 敌敌畏乳油蘸棉球堵塞虫孔。

（二）主要病害的发生与防治

合欢树的主要病害有锈病（危害叶片）、溃疡病（危害枝干）。锈病发生时，可用 75% 百菌清 400 倍液喷洒，10 ~ 15 天 1 次，连喷 2 ~ 3 次。溃疡病发生时，可用 50% 退菌特 800 倍液喷洒。

第二十五章　紫荆

紫荆树,又名满条红,落叶乔木。紫荆树的叶大花密,早春繁花簇生,满枝嫣红,绮丽可爱,是园林绿化优良树种。主要用途:在城乡绿化、小区美化、公园建设等地的庭院建筑、门旁、窗外、墙角点缀,草坪边缘、建筑物周围和林缘片植、丛植。主要分布在我国的河南、山东、陕西、甘肃、湖北、辽宁等地及黄河流域。

一、形态特征与生长习性

(一)形态特征

紫荆树,落叶乔木,平均高 15～20 m,其小枝呈"之"字形,密生皮孔,单时互生;叶近圆形,基部心形;花期 4 月,花 5～8 朵,簇生于 2 年生以上的老枝上,萼红色,花冠紫红色;果为荚果,扁,腹缝线有窄翅,网脉明显,果熟期 9～10 月。变种与品种:白花紫荆,花白色。

(二)生长习性

紫荆树,喜光,稍耐侧荫。有一定的耐寒性,喜欢背风向阳处。适应性强,对土壤要求不严,耐寒忌涝。萌蘖性强,深根性,耐修剪,对烟尘、有害气体抗性强。

二、紫荆树的繁育技术

紫荆树的优良苗木繁育技术主要采用播种繁殖,同时,可分株、压条、扦插繁殖。

(一)种子采收

紫荆树,9～10 月果实成熟,人工及时采收荚果,然后去荚取出净种晾晒 3～5 天,于室内干藏。

(二)苗圃地的选择

苗圃地要选择平坦、便于排灌、肥沃疏松的沙壤土。

（三）苗圃地的整理

11～12 月,每亩施农家肥 400～500 kg,精耕细耙。第二年 3～4 月,再次精耕细耙一遍,每亩施入化肥 50 kg 即可。

（四）种子播种

大田播种前,将种子放在 45 ℃温水中浸泡 20～24 小时,然后,按照 3 cm×30 cm 株行距条播。播后用脚踩实,加强灌水技术管理,20～25 天可出芽。

三、肥水管理技术

（一）浇水管理

紫荆树出苗后,幼苗生长缓慢,扎根不深,要适时浇水保持土壤湿润;播种后 48～72 小时浇第 2 次水,以后视天气情况浇水,以保持土壤湿润不积水为宜。夏天及时浇水,并可叶片喷雾,雨后及时排水,防止水大烂根。入秋后如气温不高应控制浇水,防止秋发。入冬前浇足防冻水,每次浇水,要浇足浇透。

（二）施肥管理

紫荆树喜肥,肥足则枝繁叶茂,花多色艳;肥缺则枝稀叶疏,花少色淡。幼苗期,施足底肥,以腐叶肥、圈肥或烘干鸡粪、农家肥为好,与种植土充分拌匀再用,否则根系会被烧伤。正常管理后,每年花后施一次氮肥,促长势旺盛,初秋施一次磷钾复合肥,利于花芽分化和新生枝条木质化后安全越冬。在幼苗生长期,及时向叶面喷施 0.2% 磷酸二氢钾溶液和 0.5% 尿素溶液,提高苗木肥力,促进苗木快速生长。

四、主要病虫害的发生与防治

（一）主要虫害的发生与防治

1. 主要虫害的发生

紫荆树的主要害虫是碧蛾蜡蝉、褐边绿刺蛾、丽绿刺蛾、白眉刺蛾等,1 年 1～2 代,5～8 月,紫荆树生长期,交替危害叶片。

2. 主要虫害的防治

紫荆树的主要虫害集中在 5～9 月发生。在苗木生长期,对碧蛾袋

蛾,可在其初孵幼虫未形成护囊时,喷洒 20% 除虫脲悬浮剂 6 000 ~
7 000倍液进行防治;对褐边绿刺蛾、丽绿刺蛾、白眉刺蛾发生,可在其
幼虫期采用 Bt 乳剂 500 倍液或25% 高渗苯氧威可湿性颗粒 300 倍液
或 1.2% 烟参碱乳油 1 000 倍液进行杀灭。

(二)主要病害的发生与防治

1. 主要病害的发生

主要病害是紫荆角斑病。紫荆角斑病侵染紫荆叶片,发病初期叶
片上着生有褐色斑点,随着病情的发展,斑点逐渐扩大,形成不规则的
多角形斑块,发病后期病斑上着生有暗绿色粉状颗粒。

2. 主要病害的防治

防治方法:冬季合理修剪,注意通风透光;夏季加强水肥管理;生长
期加强营养平衡,不可偏施氮肥;喷施 75% 达克宁可湿性颗粒 800 倍
液进行防治,6 ~ 7 天 1 次,连续喷 3 ~ 4 次,或喷 75% 百菌清可湿性颗
粒 700 倍液,10 天一次,连续喷 3 ~ 4 次。

第二十六章　皂荚

　　皂荚树,又名皂角,落叶乔木。其树冠圆满宽阔,浓荫蔽日,是河南等地优良乡土树种。主要作为园林绿化树、庭种植树、行道树,是风景区、丘陵等地造林树种。主要分布在我国河南、山东、山西、陕西、甘肃、四川、贵州、云南等地及黄河流域;河南省太行山、桐柏山、大别山、伏牛山有野生。低山丘陵,平原地区等农村常见栽培。

一、形态特征与生长习性

(一)形态特征

　　皂荚树,落叶乔木,平均高达 25 ~ 30 m,树冠扁球形。有分枝刺;小叶 6 ~ 14 枚,卵形至卵状长椭圆形,小叶柄有柔毛,羽状复叶;花序腋生,花序轴、花梗、花萼有柔毛,花期 4 ~ 5 月;果带形,弯或直,木质,经冬不落,种子扁平,亮棕色,果熟期 10 月。

(二)生长习性

　　皂荚树,喜光,稍耐荫。喜温暖湿润气候,有一定的耐寒能力。耐瘠薄,对土壤要求不严,深根性,生长慢,寿命较长。

二、皂荚树的繁育技术

　　皂荚树的优良苗木繁育技术主要采用种子播种繁殖。

(一)苗圃地的选择

　　选择土壤深厚肥沃、灌溉排水方便的地方为佳。

(二)种子选择

　　选择树干通直、长势较快、发育良好、树龄 30 ~ 80 年、种子饱满、没有病虫害、树体健壮的树作为采种母株,选择其种子作为良种。

(三)种子采收

　　皂荚树 10 月成熟即可采种。采收的果实放置于光照充足处晾晒,晒干后用木棍敲打,将果皮去除,然后进行风选,种子阴干后,放置于干净的布袋中储藏备用。

(四)种子播种

皂荚树 3 月中旬播种。但是,其种皮较厚,播种前要进行处理才能保证出芽率。需要上一年 11 月上旬,将种子放入水中浸泡 48 小时,捞出后用湿沙层积催芽,第二年 3 月中旬,种子开裂露白,可进行播种。播种前,进行苗圃地整地,每亩施用经腐熟发酵的农家肥 1 800 ~ 2 000 kg 作基肥。播种采用条播法,条距 20 cm,每米播种 15 粒,播种后立即覆土,厚 3 ~ 4 cm。保持土壤湿润,15 ~ 20 天即可出芽。

三、肥水管理技术

(一)幼苗管理

苗出齐后,可用小工具进行松土。幼苗高 14 ~ 15 cm 时可进行定苗,株距 12 cm。苗期加强水肥管理和病虫害管理。当年小苗可长到 100 cm 高。秋末落叶后,可按株距 0.5 m、行距 0.8 m 进行移栽。移栽后要及时进行抹芽修枝,以促进苗干通直生长,利于培育成根系发达、树冠圆满的大苗。

(二)水肥管理

苗木生长期,每年 4 月初可以施用一次尿素,6 月初施用一次三要素复合肥,8 月中旬施用一次磷钾复合肥,秋末结合浇冻水施用一次经腐熟发酵的农家肥,每亩施入 3 000 ~ 4 000 kg。3 月中旬,移栽后要浇好头三水。此后每月浇一次透水,7 ~ 8 月,大雨后应及时将积水排出。秋末浇足浇透封冻水。

(三)苗木修剪

11 ~ 12 月,对苗木修剪整形,及时进行截干处理。修剪主枝,选留条件有三个:一是要各占一方;二是要上下错落,不能生长在同一轨迹;三是枝条的开张角度要适宜,以 45 ℃为宜。第二年及时将新抽生的枝条抹除,防止形成竞争枝。待主枝长度长到 1 ~ 1.5 m 以上时,对其进行短截,培养侧枝,侧枝选留要本着层次清晰、疏密适当的原则。基本树型形成后,及时将树冠内的过密枝、病虫枝、交叉枝进行疏除,修剪整形至冠幅美观即可。

四、主要病虫害的发生与防治

（一）主要虫害的发生与防治

1. 主要虫害的发生

皂荚树的主要虫害是桑白盾蚧、含羞草雕蛾、皂荚云翅斑螟、宽边黄粉蝶。它们 1 年 1~2 代发生危害，主要危害叶片，交替重叠发生。

2. 主要虫害的防治

苗木生长期，5~9 月，日本长白盾蚧、桑白盾蚧发生危害时，可在 12 月对植株喷洒 3~5 波美度石硫合剂，杀灭越冬蚧体。若虫孵化盛期，喷洒 95% 蚧螨灵乳剂 400 倍液、20% 速克灭乳油 1 000 倍液进行杀灭。含羞草雕蛾发生危害时，可用黑光灯诱杀成虫。初龄幼虫期，喷洒 1.2% 烟参碱 1 000 倍液或 10% 吡虫啉可湿性粉剂 2 000 倍液进行杀灭。皂荚云翅斑螟发生危害时，可用黑光灯诱杀成虫，在幼虫发生初期喷洒 3% 高渗苯氧威乳油 3 000 倍液进行杀灭。宽边黄粉蝶发生危害时，可用灭幼脲 1 500 倍液进行杀灭幼虫，用黑光灯诱杀成虫。

（二）主要病害的发生与防治

皂荚树的主要病害为白粉病。苗木生长期要加强水肥管理，特别是不能偏施氮肥，要注意营养平衡。在日常管理中，要注意株行距不能过小，树冠枝条也不能过密，应保持树冠的通风透光。当白粉病发生时，可用粉锈宁 25% 可湿性粉剂 1 500 倍液进行喷雾，每隔 7~8 天一次，连续喷 3 次可有效控制住病情。

第二十七章　臭椿

臭椿树,又名樗、椿树,落叶乔木。臭椿树干通直高大,树冠开阔、圆整,如半球状,颇为壮观,叶大荫浓,新春嫩叶红色,秋季翅果红黄相间,叶及开花时有微臭,适应性强,耐瘠薄管理,是河南优良乡土观赏树种。主要用途:是园林绿化、城乡绿化、美丽乡村建设的优良庭院树、行道树、公路树树种;孤植或与其他树种混植都可,尤其适合与常绿树种混植,可增加色彩及空间线条之变化,很受林农喜爱。主要分布在我国河南、陕西、甘肃、青海及长江流域等地。

一、形态特征与生长习性

(一)形态特征

臭椿树,落叶乔木,平均高达 25～30 m,胸径 0.5～1 m。树冠开阔平顶形,无顶芽。树皮灰色,粗糙不裂。小枝粗壮;叶痕大,奇数羽状复叶,小叶 13～25 枚,卵状披针形,齿 1～2 对,小叶上部全缘,缘有细毛,下面有白粉,无毛或仅沿中脉有毛;花期 4～5 月;果为翅果,淡褐色,纺锤形,果熟期 9～10 月。

(二)生长习性

臭椿树,强喜光,适应干冷气候,能耐 -35 ℃低温。对土壤适应性强,耐干旱、瘠薄,可在山区和石缝中生长,是石灰岩山地常见的树种;不耐积水。生长快,深根性,根蘖性强,抗风沙,耐烟尘及有害气体能力极强,寿命长。

二、臭椿树的繁育技术

臭椿树的优良苗木繁育技术:中药采用播种繁育;另外,分蘖或插根繁殖成活率也很高。苗期需要加强管理及时抹侧芽,除萌蘖,也可以培育良好主干的苗木。

（一）苗圃地的选择

苗圃地要选排水方便、浇水便捷、深厚肥沃、交通方便的土地。

（二）种子采收

臭椿树播种繁殖要选择优良、无病虫害、健壮的大树为采种母树。9 月下旬，臭椿树翅果成熟时，人工将果穗和小枝一起剪下，取出种子，晾晒干，去杂后干藏备用。

（三）播种时间

选择在 3 月上旬至 4 月下旬进行播种即可。

（四）种子播种

臭椿树种子播种前，要进行种子处理，即用 40 ℃的水浸种 20 ~ 24 小时，捞出后放置在温暖的向阳处混沙催芽，温度 20 ~ 25 ℃，夜间用草帘保温，8 ~ 10 天后有一半种子裂嘴即可播种。行距 25 ~ 35 cm，覆土 1 ~ 1.4 cm，略镇压，每亩播种量 5 ~ 7 kg。4 ~ 5 天幼苗开始出土，种子发芽适宜温度为 9 ~ 15 ℃，一年生苗高达 60 ~ 100 cm，地径 0.5 ~ 1.8 cm。

三、肥水管理技术

臭椿树苗木生长期及时浇水 1 ~ 2 次，施入化肥 1 ~ 2 次；臭椿树造林用苗木 1 ~ 2 年内 3 ~ 4 月平茬一次，当年树高可达 2 ~ 3 m，4 ~ 5 月选留一个壮健的萌芽条，累年摘芽抚育，待树高成长达到要求高度时停止摘芽，使长高渐渐减弱，增进胸径成长。为保障优势植株迅速成长，须趁早除掉弱苗。普通立地条件好的，幼苗成长快，间苗时间要早，及时管理，促进苗木生长。

四、主要病虫害的发生与防治

（一）主要虫害的发生与防治

1. 主要虫害的发生

臭椿树的主要害虫是臭椿皮蛾、斑衣蜡蝉，它们 1 年 1 代，危害叶片、嫩枝。

2. 主要虫害的防治

12月至第二年3月上旬,人工在其树梢、树身上检查臭椿皮蛾、斑衣蜡蝉等茧或卵块,发现茧或蛹及时灭杀。育苗生长期,检查树下的虫粪及树上的被害状,发现幼虫人工震荡树枝,待幼虫吐丝下树,人工灭杀幼虫。幼虫期用敌敌畏乳油2 000倍液等喷射散落防治。

(二)主要病害的发生与防治

1. 主要病害的发生

臭椿树的主要病害是白粉病。白粉病主要危害叶片,因为苗木生长期气温高、湿度大常发生危害。

2. 主要病害的防治

一是要加强肥水管理,适当增施化肥,使植株生长健壮,以提高抗害能力;二是在发病期可用0.5%波尔多液或5%百菌清可湿性粉剂600~750倍液喷雾,每8~10天喷1次。

第二十八章　乌桕

乌桕树，又名蜡子树、木蜡油树等，落叶乔木。秋季叶深红、紫红或杏黄，娇艳夺目；冬天落叶后，乌桕树满树白色果实，似小白花，果实冬天不落，是河南等地优良树种。主要用途：乌桕树在城乡绿化、庭园美化、公园绿地建设及河边、池畔、溪流旁、建筑周围作绿化树、护堤树、行道树等。同时，乌桕树与各种常绿或落叶的秋景树种混植在风景林景点。主要分布在我国河南、山东、安徽、四川、贵州、云南、浙江、湖北、安徽、江西、福建等地。

一、形态特征与生长习性

（一）形态特征

乌桕树，落叶乔木，平均高达 15 ~ 20 m，胸径 50 ~ 60 cm，树冠近球形；小枝细；叶菱形或菱状卵形，全缘，叶柄细长；花序顶生，花黄绿色，花期 5 ~ 7 月；果扁球形，黑褐色，熟时开裂，种子黑色，外被白蜡，果实冬天不落，果熟期 10 ~ 11 月。

（二）生长习性

乌桕树，喜光，耐寒性不强。耐瘠薄，对土壤适应性较强，河岸、平原、低山丘陵黏质红壤、山地红黄壤都能生长，以深厚湿润肥沃的冲积土生长最好。土壤水分条件好则生长旺盛。能耐短期积水，耐干旱，抗二氧化硫和氯化氢的污染能力强。具深根性，抗风，寿命长。

二、乌桕树的繁育技术

乌桕树的优良苗木繁育技术主要是播种繁殖，种子需要采取脱蜡、催芽技术措施才能出芽。乌桕树在自然条件下出芽率低，新生繁育小苗要加强管理，可适当密植、剥侧芽、施肥，以培育通直的大苗。

（一）种子选择

选择进入盛产期、无病虫害的母树,且要求种子充分成熟。可以果壳开裂、种子露白为种子成熟的标志。若采收过早,则因种子发育不充分而影响播种后的发芽、生长。

（二）种子采收

乌桕树 11 月中下旬即可采收种子。此时,种子果壳脱落、露出洁白种仁。要选结实丰富、种粒大、种仁饱满、蜡皮厚的种子采收。采种的方法:人工短截结果枝,取种子。采下的种子需要晒 2 ~ 3 天,室内贮藏。

（三）种子处理

1. 种子浸种

选择贮藏一年的种子,种子颗粒要大,而且种仁要饱满。因为合格的种子播种后发芽率高,出苗整齐。乌桕的种质很硬,还包裹着一层蜡质。需要做碱液浸泡处理,即播种前浸种,选择好清水和石灰,用浓度为 5% 的石灰水溶液,将种子浸入石灰水中,连续浸种 48 小时,其间需要搅拌 3 ~ 5 次。浸种的目的:一是软化蜡层;二是软化坚硬的种皮,使水分得以进入种仁,方便更进一步做种子处理。48 小时后,从石灰水中漓出种子。

2. 搓种晾种

人工搓种,准备好盆和搓衣板,戴好手套,在搓衣板上用力揉搓种子,直到去掉蜡质层。搓种完成后,再将种子浸没在清水中,去掉浮在水面的瘪子,将残留在种子表面的蜡被处理干净。还要准备好吸水纸,将种子铺开,让它们自然晾干水分。经过这样处理的种子,发芽率高达 80% 以上。

（四）苗圃地的选择

苗圃地应该选择在向阳、肥沃、深厚、排灌良好的湿润土壤或者沙壤地。

（五）苗圃地的整理

精耕细耙苗圃地,土层深度为 40 ~ 50 cm。每亩施腐熟农家肥或猪粪 8 000 ~ 10 000 kg 作为基肥量;施肥后,用小型旋耕机将苗圃地深翻一遍。翻土深度为 30 cm,接着用耙子将土面耙平整,再做苗床开沟。将苗床起成高 15 ~ 20 cm、宽 1 ~ 1.2 m、长 15 ~ 20 m 的沙土软床，沟宽 25 ~ 30 cm，苗床以南北向为好，利于充分光照。然后，在苗床上开 3 ~ 5 cm 的条形播种沟。播种沟的距离在 20 ~ 25 cm，以便在工作中管理。

(六)种子播种

春播于 2 ~ 3 月进行。播种一定要尽量均匀，不能太密，否则影响日后长势，间苗的工作量大。以每 3 ~ 4 cm 播 1 粒种子为最好。乌桕树条播的播种量以每亩播种 7 ~ 9 kg 为宜。播种之后，覆盖疏松的土壤，如果冬季播种，气候干燥，播种要深，覆土要厚些；春季播种要浅，覆土要薄些，春季覆土厚度在 2 ~ 3 cm 即可。

三、肥水管理技术

(一)覆土管理

乌桕树播种后覆土，将苗床覆盖好，及时浇水，增加湿度和水分，促进种子出芽，即播种后 20 ~ 30 天就破土出苗。小苗已经长出两片嫩叶，变成嫩绿色，50 ~ 60 天，幼苗就全部出齐。

(二)松土除草

4 ~ 5 月，苗木进入快速生长前期，由于小苗占的空间小，苗圃地杂草生长的空间大，这些杂草抢夺嫩苗的营养，要及时除掉杂草。做到勤除草。25 ~ 30 天除草 2 次，同时除草后要间苗。幼苗出土后，生长到 10 ~ 12 cm 开始间苗，直到生长到 30 cm，这期间都要随着幼苗的生长而间苗。人工拔除密集幼苗、生长势弱的幼苗。因为密度过大时，苗木的营养消耗大，并且相互遮阴，影响苗木的光合作用。间苗宜尽量早，要分次间苗。

(三)肥水管理

5 ~ 6 月，苗木生长前期，在除草间苗时，地下部分生长速度较快，而地上部分生长较慢，要追施一次复合肥，每亩施肥量 5 ~ 10 kg。6 ~ 8 月，苗木进入速生期。苗高生长到 60 ~ 100 cm。这期间，苗木地对水和肥料的需求量增大，要抓好间苗、追肥、抗旱和防虫工作。

四、主要病虫害的发生与防治

（一）主要虫害的发生与防治

1. 主要虫害的发生

乌桕树苗木速生期的主要害虫是黄毒蛾、樗蚕、柳蓝叶甲、大蓑蛾、蚜虫等。这几种害虫都是可以羽化的虫类。它们危害叶片，造成叶片残缺不全。其中蚜虫危害最严重。

2. 主要虫害的防治

在蚜虫发生危害高峰期，用 1.2% 烟碱乳油 800～1 000 倍液喷杀，喷 2～3 次，可有效杀灭蚜虫。对黄毒蛾、樗蚕、柳蓝叶甲、大蓑蛾，用灭幼脲 3 号悬浮剂 2 000～2 500 倍液喷洒苗木叶片防治。发现虫卵和虫茧，一定要人工摘除。在夏季高温季节，以早晨及傍晚喷施为宜。喷药要均匀周到，并以叶背为重点，如果虫口密度大，苗圃受害重，在 50～60 天之内，需隔 5～7 天喷药 1 次，药剂交替使用可提高防治效果。

（二）主要病害的发生与防治

乌桕树的抗病性强，在生长期病害较少见。应及时认真细致地观察苗木或幼树，及时发现病害并防治，确保苗木健状生长。

第二十九章　黄栌

黄栌树,又名红叶树、红栌木,落叶乔木或灌木。其秋天叶红艳,既是北方著名的观赏叶树种,又是河南省山区野生优良乡土树种。主要用途:在园林绿化风景区、公园、庭园中,可作为片林或景点绿化树种;在山地、水库周围,可以营造风景林或作为荒山造林的树种。主要分布在河南、山东、山西、陕西、甘肃、四川、云南、河北、湖北、湖南、浙江等地。

一、形态特征与生长习性

(一)形态特征

黄栌树,落叶乔木或小灌木,平均高 7 ~ 10 m。树冠圆球形。树皮暗灰褐色,嫩枝紫褐色,有蜡粉;叶倒卵形,先端圆或微凹,无毛或仅下面脉上有短柔毛,叶柄细长;花黄绿色,花期 4 ~ 5 月;果序长 5 ~ 20 cm,许多不孕花的花梗伸长呈粉红色羽毛状,果肾形,果熟期 6 ~ 7 月。

(二)生长习性

黄栌树,喜光,耐荫,耐寒、耐旱,对土壤要求不严,耐瘠薄;不耐水湿及黏土。对二氧化硫有较强的抗性,滞尘能力强。萌蘖性强,耐修剪,根系发达,生长快。秋季温度降至 5 ℃,日温差在 10 ℃以上时,4 ~ 5 天叶可转红。在平原地区,因温差不够,秋叶难以转红变艳。

二、黄栌树的繁育技术

黄栌树的优良苗木繁育技术主要是采用种子播种育苗。

(一)苗圃地的选择

要选择地势较高、土壤肥沃、水肥条件好、排水便利的壤土为育苗地。

（二）苗圃地的整理

整地选择在 2~3 月上旬，精耕细耙，同时整地时施足基肥，每亩施入腐熟的农家肥 2 500~3 000 kg，并施入 30~50 kg 复合肥，深翻细耙即可。

（三）种子选择

要选择无病虫害、健壮、5~10 年生的母树上的种子采收。采收时间在 6~7 月果实成熟时，采收后的种子晾晒去杂保存。

（四）播种育苗

（1）种子处理。播种前，种子要采用湿沙贮藏才能出芽，即在播种前采用湿沙贮藏种子，挖 80~100 cm 深沟或坑，一半湿沙、一半种子放入沟或坑里，40~50 天后播种出芽率高。

（2）苗圃作床。黄栌树育苗繁育以作苗床为主，便于管理，出芽率高。苗床宽 1~1.2 m，长视地形条件而定，床面低于步道 10~15 cm即可。

（3）种子播种。黄栌树育苗繁育播种时间以 3~4 月上旬为宜。播前 3~4 天用福尔马林或多菌灵进行土壤消毒，同时灌足底水。待水落干后，按行距 30~35 cm 拉线开沟，将种子撒播即可。每亩用种量 6~7 kg。播种后覆土 1~2 cm，轻轻镇压，整平后覆盖地膜。同时，在苗床四周开排水沟，以利秋季排水。播种后 20~25 天苗木出齐。

三、肥水管理技术

（一）浇水施肥

黄栌树苗木新苗出土后，在苗木生长期浇水要足，在幼苗出土后 20 天以内严格控制浇水，在不致产生旱害的情况下尽量减少浇水，10~15 天浇水一次；7~9 月，雨水多的季节做好排水，以防积水导致苗木根系腐烂。6~8 月苗木进入快速生长期，当苗木肥力不足时，结合浇水每亩施入 10~15 kg 复合肥。

（二）苗木管理

繁育的黄栌树幼苗，主茎有倾斜生长特点，苗木适当密植。幼苗要加强管理，在苗木长出 2~3 片真叶时进行间苗。在叶子相互重叠时，要及时进行留优去劣,除去发育不良的、有病虫害的、有机械损伤的和过密的幼苗,苗木株距保持 6 ~ 9 cm 为宜。

四、主要病虫害的发生与防治

(一)主要虫害的发生与防治

1. 主要虫害的发生

黄栌树的害虫在河南主要有红蜘蛛、蚜虫危害。红蜘蛛、蚜虫在苗木生长期全年发生虫害,主要危害叶片,受害严重时,将会抑制苗木的生长,或导致大部分幼苗的死亡。

2. 主要虫害的防治

5 ~ 6 月,在红蜘蛛发生危害初期,可喷清水冲洗或喷 0.1 ~ 0.3 波美度石硫合剂清洗,或喷洒 800 倍的 20% 三氯杀螨醇乳油或 2 000 倍的 73% 克螨特乳油等杀螨剂。在蚜虫危害期,喷药灭蚜威 1 000 ~ 1 200 倍液防治。喷药时一定抓住初发期,喷洒要均匀。每隔 10 ~ 15 天喷一次,连续喷药 2 次即可控制。

(二)主要病害的发生与防治

黄栌树的主要病害是白粉病。

1. 白粉病的发生

4 月下旬至 9 月发生危害,初期叶片出现针头状白色粉点,逐渐扩大成污白色圆形斑,病斑周围呈放射状,至后期病斑连成片,严重时整叶布满厚厚一层白粉,全树大多数叶片为白粉覆盖。白粉病由下而上发生。植株密度大,通风不良时发病重;通风透光地方的树发病轻。受白粉危害可导致叶片干枯或提早脱落;有的被白粉覆盖后影响光合作用,致使叶色不正,不但使树势生长衰弱,而且导致秋季红叶不红,变为灰黄色或污白色,严重影响红叶的观赏效果。

2. 白粉病的防治

3 月下旬至 4 月中旬,在地面上撒硫黄粉,黄栌发芽前在树冠上喷 3 波美度石硫合剂。5 ~ 9 月,在发病初期喷洒 20% 粉锈宁 800 ~ 1 000 倍液 1 次,或喷洒 70% 甲基托布津 1 000 ~ 1 500 倍液,每隔 10 天喷 1 次,连续 2 ~ 3 次即可。

第三十章　复叶槭

复叶槭树,又名槭树,落叶乔木。其枝叶茂密,深秋季节叶呈金黄色,很受人们喜欢。主要用途:复叶槭树在城乡绿化、公园美化建设中用作庭荫树、行道树;可用作观叶树种与常绿树种混置。还可以作为"四旁"绿化树种栽植。主要分布在我国河南、河北、山东、内蒙古、新疆等地。

一、形态特征与生长习性

(一)形态特征

复叶槭树,平均高达 15~20 m。树冠圆球形,奇数羽状复叶对生,小叶 3~5 片,卵形或卵状披针形,叶缘有粗锯齿,顶生小叶有时 3 裂;雌雄异株,雄花伞房花序,雌花总状花序,均下垂,花期 3~4 月;果为双翅果,果熟期 9 月。

(二)生长习性

复叶槭树,喜光,喜干冷气候,耐寒;在暖湿地区生长不良,肥沃土壤上生长健壮,所以对土壤要求不严,耐干旱,稍耐湿,耐烟尘能力强。生长速度快,寿命短。

二、复叶槭树的繁育技术

复叶槭树的优质苗木繁育主要采用育苗技术,如种子播种育苗、扦插育苗等。以下是播种育苗技术。

(一)苗圃地的选择

选择土壤肥沃、微酸、湿润、透水性好和方便管理的地方为佳。

(二)苗圃地的整理

选择灌溉条件良好的沙壤土,精耕细耙,每亩施入农家肥 5 000 kg,同时施入复合肥 50 kg。为防止苗木病虫害,特别是地下害虫,每亩需用硫酸亚铁 8～10 kg、辛硫磷颗粒剂 2 kg,和细土拌匀,撒在地表,然后进行深耕、耙细、平整作畦,要求畦宽 1 m,畦埂宽 30 cm,畦长 20～30 m。

(三)大田育苗

1. 种子处理

在播种前先将种子与湿沙按 1:3 的比例拌匀,放在 3～5 ℃的条件下进行 30 天的低温沙藏层积处理。层积期间要定期检查和管理,发现有发芽的种子,要及时进行播种。

2. 播种时间

以 3 月中旬至 4 月中旬播种为宜。

3. 种子播种

播种时先在畦内灌足底水,等水渗下再播,每平方米播种量 200 粒左右。播种后要覆 0.5～1 cm 的细土,为保墒、提高地温,使种子出芽早、出芽整齐,可覆盖地膜或小拱棚,拱棚要注意通风,中午温度超过 30 ℃时要适当遮阴。一般播种后 15～20 天出齐苗。在苗木生长期,加强管理。复叶槭的生长速度非常快,一般高 10～20 cm 的小苗 3 年内均可达到米径 8～10 cm。

三、肥水管理技术

(一)技术管理

为了促进苗木生长,幼苗期每年要松土除草 2～3 次。第 1 次在 4 月下旬,第 2 次在 8 月上旬,同时及时除草,并从定植穴向外扩展树穴,促进根系生长。

(二)土壤施肥

每年 5 月上旬至 8 月上旬,追施 2～3 次速效氮、磷、钾肥;9 月下旬,结合深翻改土施一次以有机肥为主的冬肥。成年结果期每年在休眠期施基肥,在生长期进行土壤追肥,有时还可以根外追肥。施基肥在 9～10 月进行,每亩施入 5 000 kg 农家肥和复合肥 50 kg。土壤追肥每年每亩追施 3～4 次,每次以氮、钾肥为主,每亩施 30～50 kg。6 月初结合浇水追施尿素,每亩施入 15 kg;7 月中旬再每亩追施尿素 10～15

kg,后期适当控水。

(三)浇水管理

幼苗出土后,初期生长较慢,抗性差,要经常喷水,保持土壤湿度,并要及时清除杂草,锄草时及时趄土,尽量多培一些土,防止出现倒伏现象。苗长到 4~5 cm 高时进行定苗,一般在灌透水后进行,按 10~15 cm 株间距去弱、病及小苗,保持苗木的健壮整齐,缺苗的地方选择雨天进行带土球移植补苗。

四、主要病虫害的发生与防治

(一)主要虫害的发生与防治

1. 主要虫害的发生

复叶槭树的主要害虫是黄刺蛾、光肩星天牛。黄刺蛾 1 年多代,交替危害叶片,致使叶片残缺不全。光肩星天牛 2 年 1 代,蛀干危害。

2. 主要虫害的防治

11 月至第二年 3 月,即晚秋至早春结合翻耕土地,人工挖蛹集中消灭;5~9 月,苗木生长期,黄刺蛾发生危害时,喷 2.5%溴氰菊酯3 500~4 000倍液,或喷施 50%杀螟松乳剂 1 000 倍液防治。对光肩星天牛,5~8 月,对卵及尚未蛀入木质部的幼虫,可用 50%杀螟松乳油150 倍液喷树干部。对危害严重的幼树,从基部伐倒集中焚烧,或向蛀洞内注入 40%敌敌畏乳油 100~200 倍液,再用泥土堵塞洞口,效果显著。

(二)主要病害的发生与防治

复叶槭树的主要病害为褐斑病和白粉病,两病害主要危害叶片。5~8 月,病害发生初期时,喷 50%多菌灵可湿性粉剂 800~1 000 倍液,每 10~15 天喷施 1 次,连喷 2~3 次。

第三十一章　白蜡

白蜡树,又名白蜡条,落叶乔木。白蜡树树姿挺秀,叶繁荫浓,秋季叶色金黄,很受人们喜欢。主要用途:在城乡绿化、美丽乡村建设中用作行道树、庭荫树、绿化树,湖畔、河岸都可以种植。主要分布在我国河南、山东、山西等黄河流域、长江流域各省地区。

一、形态特征与生长习性

(一)形态特征

白蜡树,落叶乔木,平均高达 10 ~ 15 m。树冠卵圆形;树皮黄褐色;小枝光滑无毛;小叶椭圆形或椭圆状卵形,长 3 ~ 10 cm,顶端小叶常呈倒卵形,细尖锯齿,下面沿中脉有毛或无毛;花序大,长 8 ~ 15 cm,单被花,花萼钟形,不规则缺裂,花期 4 月;果为翅果,倒披针形,长 3 ~ 4.5 cm,果熟期 8 ~9 月。

(二)生长习性

白蜡树,喜光,稍耐荫。适应性强,耐寒,耐干旱,对土壤适应性强,耐水湿。喜深厚肥沃土壤。对烟尘及有害气体抗性强。根系发达,萌蘖力强,生长快,寿命长。

二、白蜡树的繁育技术

白蜡树的优良苗木繁育技术主要采用扦插繁殖,扦插苗木成活率高。种子发芽率很低,生产上很少播种繁殖。

(一)苗圃地的选择

白蜡树适应性较强,苗圃地选择疏松肥沃、排灌方便的沙壤土为好。

(二)苗圃地的整地

2 ~ 3 月,要精耕细耙,清除地块上的垃圾、石块,做到平整、疏松、均匀。每亩施入有机肥 5 000 ~ 8 000 kg 和硫酸亚铁 10 ~ 15 kg,可以防治苗木立枯病。

(三)扦插时间

3 月中旬,白蜡树开始处于休眠期,气温低,雨水相对来说比较充沛,是白蜡树扦插的最佳时期。

(四)种条的选择

要选择健康的大树,选枝条笔直无弯曲、无病虫害、2 年生的母树上的枝条。

(五)种条整理

选择直径 1 ~ 2 cm 的枝条,剪成 18 ~ 20 cm 长的短节,把一端端口斜切,勿伤及枝皮。同时,种条要消毒,消毒插节是为了防止插节病毒感染,使用 65% 代森锌可湿性粉剂 500 ~ 600 倍液浸泡消毒,或用 50% 托布津可湿性粉剂 600 ~ 800 倍液浸泡 5 ~ 10 分钟即可。

(六)种条扦插

苗圃地整畦铺盖膜处理后,把枝节斜着插入地膜,株距 18 ~ 20 cm,深度为 14 ~ 15 cm 即可,扦插不要太浅或太深,然后用手压实周围土壤即可。

(七)搭建遮阴棚

6 ~ 9 月,要搭建遮阴棚,在白蜡树苗木生长期,尤其是高温日晒天气下,需要适当地进行遮阴,用遮阴网或者树枝搭建遮阴棚,同时还要及时对育苗进行适当的水肥管理,促进苗木快速生长。

三、肥水管理技术

(一)浇水管理

4 月中旬,幼苗基本出齐后,子叶展开进入旺盛生长期之后,要浇水 2 ~ 3 次,每隔 3 ~ 5 天浇 1 次透水。多雨的季节或地区不仅要减少灌溉次数和水量,甚至要做到及时排水,避免烂根。

(二)施肥管理

为了给苗木生长提供必要的养分,苗木生长期,6 月中旬,每亩可追施 1 次氮、磷、钾复合肥 50 kg;同时进行人工松土除草,有利于根系呼吸,但为了促进苗木的木质化,7~9月苗木进入硬化期,应暂停松土除草。

四、主要病虫害的发生与防治

(一)主要虫害的发生与防治

1. 主要虫害的发生

白蜡树的主要害虫是蚜虫、粉虱、介壳虫等,它们主要危害叶片或枝稍。一年中交替危害,影响树势生长。

2. 主要虫害的防治

5~9月是害虫发生危害期,将吡虫啉800倍液或啶虫脒1 200倍液等掺入多菌灵500倍液或甲基托布津800倍液中进行喷施灭虫,防治效果较好。

(二)主要病害的发生与防治

白蜡树的主要病害是褐斑病,危害叶片。防治方法:5~8月,苗木生长快速期,人工及时灌溉、追肥、除草、修剪以提高苗木的抗病能力;6~7月,喷施2~3次65%代森锌可湿性粉剂600倍液防治即可。

第三十二章 楸树

楸树,又名梓桐、金丝楸,落叶乔木。楸树材质优良,纹理直,不翘不裂,耐腐朽,用途广;树姿秀丽雄伟,叶大荫浓,花朵美丽,很受人们喜欢,是河南省主要乡土树种之一。主要用途:城乡绿化建设的庭荫树、行道树、风景树、公园或草地或山坡的绿化树;楸树木材坚实美观,具有良好的用材和观赏价值。主要分布在我国河南、山东、山西、河北、内蒙古等地。

一、形态特征与生长习性

(一)形态特征

楸树,落叶乔木,平均高 20~30 m,胸径 50~60 cm。树冠窄长倒卵形;树干耸直,主枝开阔伸展;树皮灰褐色、浅纵裂,小枝灰绿色、无毛。叶三角状卵形,长 6~16 cm,有紫色腺斑。叶柄长 2~8 cm,幼树之叶常浅裂。总状花序,伞房状排列,花冠浅粉色,有紫色斑点,花期 5 月;果为蒴果,长 25~50 cm,径 5~6 mm。种子连毛长 3.5~5 cm,果熟期 8~10 月。

(二)生长习性

楸树,喜光,较耐寒,适生于年平均气温 10~15 ℃、降水量 650~1 150 mm的环境。喜深厚、肥沃、湿润的土壤,不耐干旱、积水。萌蘖性强,幼树生长慢,8~10 年以后生长加快,侧根发达。耐烟尘、抗有害气体能力强,生长寿命长。

二、楸树的繁育技术

楸树的优良苗木繁育技术主要采用播种育苗。

(一)种子采收

选择在 20~35 年生的健壮母树和优种树上采种。9 月上旬至 10

月,当果荚由黄绿色变为灰褐色、果荚顶端微裂时种子就已成熟,采下果实摊晾晒干后脱粒即得种子,储存备用。

(二)苗圃地的选择

楸树苗圃地应选择在交通便利、地势平坦、水源充足、土层厚度50~60 cm、土壤肥沃的沙质土壤上。

(三)种子处理

种子处理是提高出芽率的重要技术措施,处理后种子早发芽、早出苗、出苗齐。播种前必须进行催芽处理。把楸树种子放到28~30 ℃的温水中浸泡12小时,捞出种子放在筐内或编织袋内,每天用清水早晚各冲洗种子一次,5~7天种子裂嘴露白即可播种。

(四)整理作畦

苗圃地精耕细耙后,按南北方向整畦作床,畦宽1.8~2.2 m,长依地形而定。

(五)大田播种

3月上旬,进行大田播种。播前畦床要灌足水,条沟撒播,沟宽5~10 cm,深1.5~2 cm,行距30~35 cm;穴状点播,每穴3~5粒种子,穴距20~25 cm。覆盖土厚0.5~1.0 cm,每亩播种量1~1.5 kg,播种8 000~10 000穴。播后用细碎杂草、细湿沙和细土各1/3拌匀过筛后覆盖,厚0.5~1.0 cm。覆土后畦床面架设薄膜小拱棚,既增温又保湿,给幼苗出土和生长提供有利繁育条件。

三、肥水管理技术

(一)肥水管理

楸树对水分的要求比较严格,在日常养护中应加以重视。以春天栽植的苗子为例,除浇好头三水外,还应在5月、6月、9月、10月备浇两次透水;7月和8月是降水丰沛期,如果不是过于干旱则可以不浇水;12月初要浇足浇透防冻水。第二年春天,3月初应及时浇返青水;4~10月,每月浇1~2次透水;12月初浇防冻水。第三年可按第二年的方法浇水。第四年后除浇好返青水和防冻水外,可靠自然降水生长,但天气过于干旱,降水少时仍应浇水。楸树喜肥,除在栽植时施足基肥外,还可在5月初给植株施用些尿素,可使植株枝叶繁茂。

(二)田间管理

5~8月,苗木快速生长期,人工及时拔草和锄草,最好在3~5月除草一次。锄草只能在苗木稍大时进行,苗木太小时用锄除草容易伤苗,人工进行最好。

四、主要病虫害的发生与防治

(一)主要虫害的发生与防治

1. 主要虫害的发生

楸树的主要害虫是楸螟。楸螟以幼虫钻柱嫩梢、树枝及幼干,容易造成枯梢、风折、断头及干形弯曲,不仅显著影响林木正常生长,而且降低木材工艺价值。楸螟1年发生2代,以老熟幼虫在枝、干中越冬。第2代成虫羽化盛期及第1代幼虫孵化盛期(5月),世代较整齐。

2. 主要虫害的防治

一是人工剪除被害虫危害的枝条,然后销毁。二是当成虫出现时,可以喷洒敌百虫或马拉松1 000倍液,以此来毒杀成虫和最初孵化的幼虫。三是第2代成虫羽化盛期及第1代幼虫孵化盛期,即5月中旬,进行药剂防治,喷洒90%敌百虫1 000~1 500倍液,或50%杀螟松乳油1 000倍液3~4次,每隔5~7天喷布一次。四是根埋3%呋喃防治幼虫。

(二)主要病害的发生与防治

1. 主要病害的发生

楸树的主要病害是染炭疽病。当楸树感染炭疽病时,其叶片和嫩梢受危害较大。在高温高湿以及通风较差的情况下容易发病。如果楸树染上炭疽病,在发病后其叶片会萎蔫后脱落。

2. 主要病害的防治

在通风透光的环境下养护,进行良好的水肥养护,这样可以提高植株的自然抗病能力,但是如果植株感染炭疽病,可在此时通过喷洒防病制剂,如炭疽福美可湿性颗粒500~600倍液的方法进行防治,每隔7~10天喷布一次,连续喷3~4次,效果显著。

第三十三章　黄连木

黄连木树,又名楷木,落叶乔木。黄连木树树干通直,树冠开阔,春秋两季红叶,是河南主要乡土树种之一。主要用途:在园林绿化、城乡美化建设及风景区、公园等地用作风景树、庭荫树、行道树;更是河南"四旁"绿化或低山造林的主要树种。尤其是近年来,黄连木作为城市绿化观赏树种已被广泛栽培。黄连木木材细致,可作为雕刻、建筑用材;种子为榨油工业用品,根、枝、叶、皮可制农药。主要分布在我国河南、山西、河北、山东等黄河流域,还散生于低山丘陵及平原,常与黄檀、化香、栎类树种野生混生生长。

一、形态特征与生长习性

(一)形态特征

黄连木树,落叶乔木,平均高达 18 ~ 25 cm,胸径 1 m。树冠近圆球形;偶数羽状复叶互生,小叶 10 ~ 14 枚,披针形、卵状披针形,全缘,基部歪斜;花雌雄异株,圆锥花序,雄花淡绿色,雌花紫红色,花期 4 月;果为核果,扁球形,紫蓝色或红色,果熟期 9 ~ 11 月。

(二)生长习性

黄连木树,喜光,幼时耐荫。不耐严寒,对土壤要求不严,耐干旱、瘠薄。幼树生长较慢,幼苗越冬需适当保护,幼苗 8 ~ 10 年时才能正常越冬。病虫害少,抗污染,耐烟尘。深根性,抗风力强,生长较慢,寿命长。

二、黄连木树的繁育技术

黄连木树的优质苗木繁育技术主要采用播种育苗。大田播种育苗技术如下。

（一）种子采收

黄连木树 3～4 月开花,10 月果实成熟。当果实由红色变为铜锈色时即成熟,熟后 10～15 天,人工采种。铜绿色核果是成熟饱满的种子;红色、淡红色果多为空粒。

（二）种子处理

要及时将采收的果实放入 40～50 ℃的草木灰温水中浸泡 2～3天,搓烂果肉,除去蜡质和漂浮在水面上的空种子,然后晒场阴干后贮藏备用。

（三）苗圃地的选择

黄连木树喜光,苗圃地应选排水良好、土壤深厚肥沃的沙壤土。整地时要深翻土壤,做到精耕细耙,最好打碎成细土。

（四）种子播种育苗

3 月中旬至 4 月,进行种子播种。大田播种,采取开沟条播。挖条状沟,沟距 28～30 cm,播幅为 5～6 cm,深 2.5～3 cm,播前灌足底水,然后将种子撒入沟内;苗床宽度为 1.5 m,用种量每亩为 5～6 kg,覆土 2～3 cm,轻轻压实,上盖地膜。将稻谷壳或杂草末撒到苗床面上,其通气性、保温、保湿效果均好,又可防"倒春寒",整个苗木生长期不必清除。种子出苗前,要保持土壤湿润,20～25 天出苗。

三、肥水管理技术

（一）幼苗苗期管理

为提高成活率,要及时间苗,第一次间苗在苗高 3～4 cm 时进行,去弱留强。以后根据幼苗生长发育间苗 1～2 次,最后一次间苗应在苗高 14～15 cm 时进行。

（二）浇水施肥管理

7～9 月,苗木进入快速生长时期,结合幼苗的生长情况施肥,生长初期即可开始追肥,但追肥浓度应根据苗木情况由稀渐浓,量少次多。幼苗生长期,以施氮肥、磷肥为主;苗木硬化期,以施钾肥为主,停施氮肥。10 月中旬,新抽的新梢易受霜冻危害,因此 8 月下旬后必须停止施肥,以控制抽梢。每次施肥要及时浇水,浇透水。同时,要松土除草,多在灌溉后或雨后进行,行内松土深度要浅于覆土厚度,行间松土可适当加深。一年生苗高 60 ~ 80 cm。

四、主要病虫害的发生与防治

(一)主要虫害的发生与防治

1. 主要虫害的发生

黄连木树的主要害虫:一是种子小蜂。该虫 1 年 1 代,幼虫危害果实。成虫产卵于果实的内壁上,初孵幼虫取食果皮内壁和胚外海绵组织,稍大时咬破种皮,钻入胚内,取食胚乳和发育中的子叶,到幼虫老熟可将子叶全部吃光。受害的黄连木果实,幼小时遇到不良天气容易变黑干枯脱落。二是黄连木尺蛾,又叫木尺蠖。该虫食性很杂,幼虫危害黄连木、刺槐、核桃等的梢和嫩叶,危害严重时,可使黄连木减产 30% 左右。黄连木尺蛾危害严重,一个枝条上有 2 ~ 5 条 5 ~ 6 龄的幼虫,叶片几乎被吃光。以幼虫蚕食叶片,是一种暴食性害虫,大发生时可在 3 ~ 5 天内将全树叶片吃光,严重影响树势和产量。三是缀叶丛螟。其幼虫危害叶片,在两块叶片间吐丝结网,缀小枝叶为一巢,取食其中。随着虫体增大,食量增加,缀叶由少到多,将多个叶片缀成 1 个大巢,严重时将叶片全部食光,造成树枝光秃,影响黄连木的正常生长。四是刺蛾类。主要有黄刺蛾、褐边绿刺蛾等,在黄连木产区零星发生。杂食性,主要以幼虫危害叶片,影响树势和产量。

2. 主要虫害的防治

3 月中旬喷药,即黄连木萌芽前,用 5 波美度石硫合剂均匀喷布树体及周围的禾本科植物;同时消灭越冬炭疽病病菌和越冬梳齿毛根蚜卵。5 月上中旬至 6 月上旬,对树冠喷雾,此时是黄连木种子小蜂成虫羽化的初盛期,每隔 10 天喷溴氰菊酯 1 000 ~ 1 200 倍液一次,连续喷 1 ~ 2 次;5 月上旬、6 月中旬,是黄连木尺蛾、缀叶丛螟等害虫发生期,在幼虫 3 龄前喷苦参碱 1 000 倍液防治幼虫。

(二)主要病害的发生与防治

黄连木树的主要病害是炭疽病、立枯病等。

(1)炭疽病主要危害果实,同时可以危害果梗、穗轴、嫩梢。果实受害后果粒生长减缓,果梗、穗轴干枯,严重时干死在树上,发病重的年份对黄连木产量影响很大,个别植株甚至绝收。果穗受害后,果梗、穗轴和果皮上出现褐色至黑褐色病斑,圆形或近圆形,中央下陷,病部有黑色小点产生,湿度大时,病斑小黑点处呈粉红色突起,即病菌的分生孢子盘及分生孢子。叶片感病后,病斑不规则,有的沿叶缘四周 1 cm 处枯黄,严重时全叶枯黄脱落。嫩枝感病后,常从顶端向下枯萎,叶片呈烧焦状脱落。

(2)立枯病主要发生在苗期,在播种时,种子刚发芽时受感染表现为种腐型;种子发芽后幼苗出土前受感染表现为芽腐型;幼苗出土后嫩茎未木质化前受感染表现为猝倒型;苗木木质化后,由于根部受感染,根部发生腐烂,造成苗木枯死而不倒伏为立枯型。潮湿时病部长白色菌丝体或粉红色霉层,严重时造成病苗萎蔫死亡。

立枯病和炭疽病的防治,主要在发病前期喷洒百菌清 500~800 倍液或多菌灵 600~800 倍液。每公顷用 750 kg 硫酸亚铁,磨碎,施入土中,也可防治立枯病。

第三十四章 梧桐

梧桐树,又名青桐,落叶乔木。梧桐树树干挺秀,叶大荫浓,树干端直,树皮绿色,平滑光洁清丽,果形奇特,是人们喜爱的观赏树种。主要用途:在园林绿化、美丽乡村、城乡道路、公园、小区等建设中作庭荫树、行道树、观赏树。梧桐树的木材轻韧,纹理美观,可供乐器、箱盒、家具制作。种子炒食或榨油。叶花、种子、树皮入药。树皮纤维造纸。主要分布在我国河南、山东、河北、山西等黄河流域。民间俗语"屋前栽桐,屋后种竹",是我国传统的种植方法,尤其是农村庭院、校园、居民新村都可以种植。

一、形态特征与生长习性

(一)形态特征

梧桐树,落叶乔木,平均高达 15~20 m,胸径 40~50 cm。树冠卵圆形,主干通直。树皮青绿色,平滑;小枝粗壮,主枝轮生状;叶掌状 3~5 裂,基部心形,裂片全缘,下面密生或疏生星状毛,叶柄长与叶片近相等,裂片线形,淡黄色,反曲,密生短柔毛;花后心皮分离成 5 果,开裂成舟形,网脉明显,有星状毛,花期 6~7 月;果熟期 9~10 月。

(二)生长习性

梧桐树,喜光,耐侧荫,喜温暖气候,稍耐寒,喜肥,喜在肥沃湿润的土壤上生长。不耐盐碱,怕低洼积水。深根性,顶芽发达,侧芽萌芽弱,故不宜短截,对有害气体有较强的抗性。每年萌发迟,落叶早,"梧桐一叶落,天下尽知秋"。生长快,寿命不长。

二、梧桐树的繁育技术

梧桐树的优良苗木繁育技术主要采用播种育苗。但是,条件技术过硬时,可以采用扦插、分根等方法繁育苗木。

（一）种子选择

要选生长健壮、干形通直、无病虫害的 15～25 年生的母树上的种子作良种。

（二）种子采种

梧桐树种子 9 月下旬至 10 月上旬成熟,当果皮黄色有皱时,即可以采收。梧桐树种子未成熟前已开裂,如果不及时采收,种子易散落。所以,进入成熟期就应人工连果梗一起及时采下。种子以个大、饱满、棕色、无杂质者为佳。采集种子后摊开晾晒,在晾晒时,每天人工翻动 2～3 次,轻轻揉去果皮,去杂后即可干藏或沙藏。由于梧桐种皮薄,易失水干燥而丧失发芽力,故以沙藏为好。种子千粒重 125 g 左右,发芽率 85%～90%。

（三）苗圃地的选择

选土层深厚、疏松、富含腐殖质、排水良好、土壤肥沃、交通便利的地方为佳。

（四）苗圃地的整理

（1）苗圃地整地。10 月下旬,对准备繁育苗木的苗圃地进行精耕细耙,深翻 30～40 cm。同时,每亩施入腐熟的有机肥 1 000～3 000 kg。

（2）苗圃地土壤处理。梧桐树种子含油量高,香,很受地下害虫喜欢,常被啃食破坏。为了防止苗期遭受病、虫的危害,可进行土壤消毒,每亩施 70% 敌克松粉剂 1～2 kg 兑细土 50 倍拌匀后均匀撒施,预防苗木病害;同时撒入 3% 呋喃丹颗粒剂 1.5～2.5 kg 或喷洒辛硫磷 0.125%～0.2% 药液拌土,防治地下害虫。梧桐不耐草荒,可在播种前 18～20 天对苗圃地进行化学除草。可用 50% 的乙草胺,每亩用量 50 mL 兑水 50 kg,均匀喷雾,有效期 2 个月左右。

（五）大田播种

（1）种子浸种。播种前 30～40 天对种子进行精选,选出发育健全、饱满、粒大、无病虫害的种粒,对挑选好的种子进行消毒处理,可用 0.5% 高锰酸钾溶液浸种 2 小时,或选择 3% 的高锰酸钾溶液浸泡 30 分钟,取出密封 30 分钟,再用清水冲洗 4～5 次。最后用温水浸种催芽,用 60～80 ℃ 的温水,水面淹没种子 10 cm 以上,24 小时后捞出,混湿沙堆 20 ~ 30 cm 厚,并用湿麻袋或湿稻草覆盖,置于背风向阳处催芽,每天淋水 2 ~ 3 次,当种子有 30% 以上裂嘴时即可播种。

（2）制作苗床。制作苗床面,宽 100 ~ 120 cm,高 18 ~ 20 cm,步道宽 30 ~ 40 cm,长度随地而定,四周挖好排水沟,做到雨停沟内不积水即可。

（3）种子播种。3 月下旬至 4 月上旬进行。在苗床内进行条播,行距 25 cm,每亩播种 14 ~ 15 kg,播种要均匀,且边播边覆土。覆土厚度 1.0 ~ 1.5 cm,厚薄要均匀一致,以利出苗整齐。播后覆盖一层稻草或杂草或麦秸,覆盖厚度以不见地面为宜,保持土壤湿润,20 ~ 25 天幼苗出土。

三、肥水管理技术

（一）幼苗管理

4 月,当种子萌动后,约有 30% 的子叶出土时即可揭去覆草。当苗高达 4 ~ 5 cm 时,进行人工第一次间苗,当苗高达 8 ~ 10 cm 时进行第二次间苗,株距 20 ~ 30 cm。同时,浇水人工除草。

（二）浇水管理

种子播种后,幼苗生长初期,要小水、勤浇,保持土壤湿润,以利种子发芽出土及幼苗根系的生长;7 月上旬,幼苗进入速生期,增加灌水量,做到多量少次,保持苗木的水分平衡;9 月中、下旬,高生长停止,要停止灌水,以防苗木木质化程度不够而影响安全越冬。

（三）施肥管理

4 ~ 5 月,当苗木真叶出现后,可人工追施硫铵或碳铵,每亩用量 30 ~ 35 kg,分 3 次追施;其中,每亩施入磷肥 2.5 ~ 2.8 kg,每亩施入钾肥 2 kg。采用喷肥方法施入,2 ~ 3 次完成。9 月以后,为防止苗木徒长,利于木质化,应停止追施氮肥,增施磷、钾肥,使苗木充实,有利越冬。

四、主要病虫害的发生与防治

（一）主要虫害的发生与防治

1. 主要虫害的发生

（1）梧桐树的主要害虫是梧桐木虱、刺蛾类等食叶害虫。

梧桐木虱,又名青桐木虱。梧桐木虱以若虫、成虫在梧桐叶背或幼嫩枝干上吸食树液,以幼树容易受害,严重时导致整株叶片发黄,顶梢枯萎。若虫分泌的白色棉絮状蜡质物,将叶面气孔堵塞,影响叶部正常的呼吸和光合作用,使叶面呈现苍白萎缩症状,起风时,白色蜡丝随风飘扬,形如飞雾,絮状飘落,人不小心碰到会有黏糊糊的感觉,还有一股臭味,且很难清洗。严重污染周围环境,影响市容市貌。其若虫及成虫聚集在叶背或幼枝嫩干上吸食,若虫分泌的白色絮状蜡质物易招致霉菌寄生,严重时树叶早落、枝梢干枯,表皮粗糙脆弱,易受风折。虫害发生时可用 25% 敌百虫、马拉松 800 倍液喷射或 40% 乐果 2 000 倍液或 80% 敌敌畏乳油 1 000 ~ 1 500 倍液喷雾。

（2）刺蛾类的幼虫取食叶片的下表皮及叶肉,严重时把叶片吃光,仅留叶脉、叶柄,严重影响植株生长。可于冬季摘虫茧或敲碎树干上的虫茧,减少虫源。虫害发生期及时喷洒 40% 辛硫磷乳油 1 000 倍液、45% 高效氯氰菊酯 1 500 倍液、20% 绿安 1 000 ~ 1 500 倍液,均匀喷雾。

2. 主要虫害的防治

5 月中下旬,可喷洒 10% 蚜虱净粉 2 000 ~ 2 500 倍液、2.5% 吡虫啉 1 000 倍液或 1.8% 阿维菌素 2 500 ~ 3 000 倍液。另外,可在危害期喷清水冲掉絮状物,可消灭许多若虫和成虫,在早春季节喷 65% 肥皂石油乳剂 8 倍液防其越冬卵。

（二）主要病害的发生与防治

梧桐树的主要病害是白粉病。发生这种病时,梧桐树的叶片会出现泛黄、卷缩、枯落等情况,影响正常生长。可选用 50% 甲基托布津可湿性粉剂 1 000 倍液,或 75% 百菌清可湿性粉剂 500 ~ 600 倍液,或 56% 嘧菌酯百菌清 600 倍液,每隔 5 ~ 7 天喷一次。

第三十五章　国槐

　　国槐树,又名槐、家槐、豆槐,落叶乔木。国槐树枝叶茂密,浓荫葱郁,是中原地带人们喜爱的乡土树种。主要用途:用作园林绿化、城乡建设、公园、村庄等行道树、庭荫树、通道树等;国槐树木材优良,花芽可食,花是优良的蜜源,花、果、根皮入药。主要分布在我国河南、山东、山西、河北等地。河南舞钢市 500 年以上的古国槐有 10 余棵。

一、形态特征与生长习性

(一)形态特征

　　国槐树,落叶乔木,高达 25 ~ 30 cm,胸径 1 cm。树冠广卵形;树皮灰黑色,深纵裂。顶芽缺,柄下芽、有毛。1 ~ 2 年生枝绿色,皮孔明显;小叶 7 ~ 17 枚,卵形,背面苍白色,有平伏毛;花为圆锥花序,黄白色,花期 6 ~ 8 月;果为荚果,肉质不裂,种子间缢缩成念珠状,种子肾形,果熟期 9 ~ 10 月。

(二)生长习性

　　国槐树,喜光,耐干旱、耐瘠薄、稍耐荫、适应性广。喜干冷气候,但在炎热多湿的华南地区也能生长。适生于肥沃、深厚、湿润、排水良好的沙壤土。稍耐盐碱,在含盐量 0.15% 的土壤中能正常生长。抗烟尘及二氧化硫、氯化氢等有害气体能力强。深根性,根系发达,萌芽力强,寿命长。

二、国槐树的繁育技术

　　国槐树的优良苗木繁育技术主要采用播种育苗,如果选定品种,须嫁接繁殖,用实生苗国槐作砧木。播种育苗技术如下。

(一)良种选择

　　应选择 20 ~ 30 年生以上、生长势健壮、无病虫害的母树作良种采种树,此树种仁饱满、出种率高、出芽整齐。

（二）种子采收

10月中旬,种子进入成熟期,即可人工采种。采收后,用水浸泡,搓去果皮,洗净后在晒场晾干,放置于室内干藏备用。

（三）种子处理

种子播前,用60 ℃水浸种20～24小时,捞出掺湿沙2～3倍拌匀,置于室内或沙藏沟中,挖沟宽1 m,深0.5 m,一层沙一层种子,厚20～25 cm,摆平,盖湿沙3～5 cm,上覆塑料薄膜,以保湿保温,促使种子萌动。注意在管理中,经常翻动和加水,使上下层种子湿温一致,待种子有20%～30%裂嘴时,即可播种。

（四）苗圃地的选择

苗圃地选择土壤平坦、肥沃、浇水施肥管理方便的地方即可。

（五）大田播种

苗圃地播种前,要精耕平整、精耕细耙。结合耕翻,每亩施入基肥5 000～8 000 kg,同时,施入复合肥50 kg和施入5%辛硫磷颗粒剂3～5 kg灭地下害虫。大田播种,采取垄播,按70～100 cm行距作垄,深2～3 cm。每亩用种12～15 kg,覆土2～3 cm,人工压实,喷洒土面增温剂或覆盖杂草,保持土壤湿润和温度即可。

三、肥水管理技术

（一）肥水管理

播种后、出苗前,土壤过于干燥时,可进行侧方浇水,浇水方法是漫灌水。幼苗出齐后,4～5月间,分二次间苗,按株距10～15 cm定苗,每亩产苗5 000～7 000株。间苗后立即浇水。进入6月,苗木开始速生,要及时灌水追肥。每隔15～20天施肥一次,每次每亩施硫酸铵4～5 kg;8月底停止水肥。同时,要及时松土除草,促进苗木快速生长。

（二）苗木修剪

一年生幼苗树干易弯曲,应于当年落叶后截干,即10～11月进行截干,次年培育直干壮苗,要注意剪除下层分枝,以促使向上生长。大树移植时需要重剪,成活率较高。

四、主要病虫害的发生与防治

(一)主要虫害的发生与防治

1. 主要虫害的发生

国槐树的主要害虫有 3 种:一是槐蚜。1 年发生多代,以成虫和若虫群集在枝条嫩梢、花序及荚果上,吸取汁液,被害嫩梢萎缩下垂,妨碍顶端生长,受害严重的花序不能开,同时诱发煤污病。5～6 月,在槐树上危害最严重,6 月初迁飞至杂草丛中生活,8 月迁回槐树上危害,一段时间后,以在杂草的根际等处越冬,少量以卵越冬。二是国槐尺蛾,又名槐尺蠖。1 年发生 3～4 代,第一代幼虫始见于 5 月上旬,各代幼虫危害盛期分别为 5 月下旬、7 月中旬及 8 月下旬至 9 月上旬。以蛹在树木周围松土中越冬,幼虫及成虫蚕食树木叶片,使叶片造成缺刻,严重时,整棵树叶片几乎全被吃光。三是锈色粒肩天牛。2 年发生 1 代,主要以幼虫钻蛀危害,每年 3 月下旬幼虫开始活动,蛀孔处悬吊有天牛幼虫粪便及木屑,被天牛钻蛀的国槐树长势衰弱,树叶发黄,枝条干枯,甚至整株死亡。

2. 主要虫害的防治

(1)国槐蚜虫防治方法:在苗木发芽前喷石硫合剂,消灭越冬卵。

5～9 月,蚜虫发生量大时,可喷吡虫啉 1 000 倍液或 5% 蚜虱净可湿性粉剂 1 000 倍液、2.5% 溴氰菊酯乳油 3 000 倍液。

(2)国槐尺蛾防治方法:落叶后至发芽前在树冠下及周围松土中挖蛹,消灭越冬蛹。5 月中旬至 6 月下旬,重点做好第一、二代幼虫的防治工作,可用 50% 杀螟松乳油、80% 敌敌畏乳油 1 000～1 500 倍液、20% 灭扫利乳油 2 000 倍液、灭幼脲 1 000 倍液进行喷雾防治。

(3)锈色粒肩天牛防治方法:一是人工捕杀成虫。天牛成虫飞翔力不强,受震动易落地,可于每年 6 月中旬至 7 月下旬于夜间在树干上捕杀产卵雌虫。二是人工杀卵。每年 7～8 月天牛产卵期,在树干上查找卵块,用铁器击破卵块。三是化学防治成虫。6 月中旬至 7 月中旬成虫活动盛期,对树冠喷洒 2 000 倍液杀灭菊酯,每 10～15 天一次,连续喷洒 2 次,可收到较好效果。3～10 月为天牛幼虫活动期,可向蛀孔内注射80%敌敌畏5～10倍液,然后用泥巴封口,可毒杀幼虫。

（二）主要病害的发生与防治

1. 主要病害的发生

国槐树的主要病害是腐烂病,也称烂皮病症状。主要危害苗木枝干,皮层溃烂,呈湿腐状,是一种真菌危害的病害,造成树势衰弱。病部的表现:发病初期病部呈暗灰色、水渍状,稍隆起,用手指按压时,溢出带有泡沫的汁液,腐皮组织逐渐变为褐色。后期皮层纵向开裂,流出黑水(俗称黑水病)。病斑环绕枝干一周时,导致枝干或整株死亡。

此病菌多由各种伤口侵入,3月下旬开始发病,3～4月病害发展严重,病斑发展较快,5～6月形成大量分生孢子,病斑停止扩展,周围出现愈合组织。在种植过密、苗木衰弱、伤口多的条件下,病害发生严重。病菌通常从剪口、断枝处侵入,在伤口附近形成病斑。

2. 主要病害的防治

3月或7～8月,对苗木干部及伤口涂波尔多浆或保护剂,防止病菌侵染。发病初期刮除或划破病皮,用1∶10浓碱水、200倍退菌特或代森锌,或2.12%腐烂净乳油原液,每平方米200 g涂病部病斑,或用30倍托布津涂抹。对树干可喷洒300倍50%退菌特或70%甲基托布津等,防治效果显著。

第三十六章　流苏

　　流苏树,又名白花茶、四月雪等,落叶乔木或灌木。流苏树盛花时,似白雪压树,蔚为壮观;花冠裂片狭长,宛若流苏,清秀典雅,是人们喜爱的优良绿化树种。主要用途:在园林绿化、城乡美化、公园、风景区等作庭荫树、四旁树、行道树、观赏树;同时,可以丛植于休息小区,以遮阴、赏花、闻香,还可在幽静宜人的地方种植。主要分布在我国河南、河北、山西、陕西、山东、甘肃、江苏、浙江、江西、福建、广东、四川、云南等地;可在海拔450～1 500 m 的向阳山坡、山沟或河边等野生生长。

一、形态特征与生长习性

(一)形态特征

　　流苏树,落叶乔木或灌木,平均高达6～18 m。树冠平展,树皮灰色,大枝皮常呈纸质剥裂,嫩枝有短柔毛;叶革质,椭圆形、倒卵形状椭圆形,幼树叶缘有细锯齿,叶柄基部带紫色、有毛,叶背脉上密生短柔毛、后无毛;聚伞状圆锥花序顶生,花白色、芳香,花冠裂片狭长,长1～2 cm,花冠筒极短,单性异株,花期4～5 月;果为核果,蓝黑色,长1～1.5 cm,果熟期7～8 月。

(二)生长习性

　　流苏树,喜光,耐荫,耐寒、耐旱,耐瘠薄,对土壤适应性强,喜湿润肥沃的沙壤土或碎石山地。不耐涝,生长较慢,寿命长。

二、流苏树的繁育技术

　　流苏树的优质苗木繁育技术主要采用播种育苗繁育苗木。流苏树是稀有植物,其种子出芽力强,宜采种。1 年生苗木,地径达0.5～1.0 cm;流苏树是嫁接桂花、丁香的优良砧木。0.5～1.0 cm 粗度,是嫁接桂花、丁香的粗度。育苗技术如下。

（一）种子采收

流苏树种子采收要选择 8～10 年生以上、长势健壮、树形好、无病虫害的母树上的种子,作为繁育苗木的优良种子。

（二）采种时间

8 月下旬至 9 月上旬,流苏树果实呈蓝紫色,种子成熟期,及时人工采收,过晚种子易落易散失。采收的种子要晾晒后贮藏备用。

（三）种子处理

种子处理的目的是提高出芽率。为此,采回的种子要用湿沙贮藏。11～12 月,及时去掉外壳贮藏,挑选饱满、大小一致的种子,用干净的河沙,如果是中沙一定过筛去除;选择高燥处挖 1 m×1 m 的坑,埋藏种子,用 1/3 种子、2/3 的沙掺匀,坑底铺 18～20 cm 沙,上铺掺好的沙与种子,离地面 20 cm 处填沙。特别注意,沙的湿度以手握成团、不滴水、一动即散为宜,同时,在冬季不要让埋藏种子的地方进入雨雪,每隔30～35天翻动、查看种子一次,不要使其发霉变质。

（四）苗圃地的选择

苗圃地选择平坦、土壤肥沃、含沙质、交通便利的地方为佳。

（五）苗圃地的整理

10～11 月,把选择好留做苗圃地的地块精耕细耙一遍,让冬季雨雪淋冻几个月,可以杀死部分越冬害虫,还可使土壤疏松,不板结。第二年 1～2 月底,再把苗圃地精耕细耙、整平一遍;同时,耕作苗圃地时施基肥,每亩施入农家肥 5 000～8 000 kg 和 100 kg 的复合肥即可。

（六）播种时期

3 月上旬至 4 月初,此期气温回升快,地下土壤温度高,墒情好,有利于种子出芽,出芽率高。

（七）大田播种

采用种子播种,苗圃地要进行人工打畦,方便浇水管理。畦宽 1～1.2 m,长短视地块长短而定。播种采用条播,每畦沟深按照 3～4 cm,按株距 9～10 cm 一株,均匀摆放沟内,上用森林土覆盖,森林土是采收种子生长母树下的土壤,这种土壤含有母树菌素,有利于出芽率。播种前,先顺沟浇水,水渗后供种,播种后最好用森林土覆盖,以后保持湿润,20～25天可出全苗。

三、肥水管理技术

在播后20～25天,幼苗开始出土。5～9月,是苗木快速生长期,气温高,干旱,要加强肥水管理,每隔15～20天浇水一次,同时,及时开展人工松土、除草,促进苗木快速生长;有条件的地方,夏季光照强时要及时搭盖遮阴棚进行遮阴,搭建遮阴棚的目的是防止高温伤害苗木。当年苗木可达嫁接桂花、丁香作砧木的粗度,即流苏树1年生苗木可高达1～1.2 m。流苏树是桂花、丁香苗木繁育的最佳砧木。

四、主要病虫害的发生与防治

(一)主要虫害的发生与防治

1. 主要虫害的发生

流苏树的主要害虫有:黄刺蛾,又名痒辣子;金龟子,又名牧户虫。它们主要在苗木生长期危害叶片,可以造成叶片残缺不全;其中金龟子幼虫还危害苗木根系,致使苗木生长缓慢或死亡。

2. 主要虫害的防治

5～9月是黄刺蛾发生危害盛期,可在幼虫发生初期喷洒20%除虫脲悬浮剂6 000～7 000倍液或25%高渗苯氧威可湿性粉剂300～500倍液进行杀灭;同时,在成虫发生危害期,可采用灯光诱杀;金龟子发生期,苗木出苗后,当小苗长出之时,4～5月,幼虫将根咬断,防治方法是用50%辛硫磷乳油配成溶液后进行灌根,每亩施辛硫磷1～1.5 kg兑水15～20 kg,或用90%敌百虫800～1 000倍液对水灌根,每穴200～250 mm;或用敌百虫1 000倍液喷叶,防治成虫。

(二)主要病害的发生与防治

流苏树的主要病害是褐斑病。褐斑病是半知菌类真菌侵染所致。6～8月,在高温、高湿期极易发生。发病初期叶片出现多个褐色小斑点,随着病情的发展,病斑逐渐扩大并连接在一起,最终造成整个叶片干枯而脱落。防治方法:褐斑病发生初期,加强水肥管理,注意通风透光,以减少病害发生;用 75% 百菌清可湿性粉剂 500 ~ 800 倍液,或 50% 多菌灵可湿性粉剂 500 ~ 600 倍液进行喷洒防治,每 7 ~ 10 天喷一次,防治效果显著。

第三十七章　枫杨

枫杨树,又名枫柳、燕子树,俗称鬼柳树,落叶乔木。其树冠高大,枝叶茂密,生长快速,根系发达,喜爱生长在河滩、溪边、潮湿的地方,是河南省速生用材乡土林木良种树种之一。主要用途:因果序在树上生长时间长,呈串状,美观好看,可作园林或作行道树及风景树,具有极高的观赏价值;用作河床两岸低洼湿地的良好绿化树种,也可成片种植或孤植于草坪及坡地,均可形成一定景观。木材白色质软,容易加工、胶接,着色、油漆均好,可作家具及火柴杆;其幼苗还可用作核桃砧木等经济用途。

一、形态特征与生长习性

(一)形态特征

枫杨树,落叶乔木,树高 28～30 m,平均干高 8～15 m。干皮灰褐色,幼时光滑,老时纵裂。具柄裸芽,密被锈毛。小枝灰色,有明显的皮孔且髓心片隔状,枝条横展,树冠呈卵形;奇数羽状复叶,但顶叶常缺而呈偶数状,互生叶轴具翅和柔毛,小叶 5～8 对,呈长椭圆形或长圆状针形,顶端常钝圆基部偏斜,无柄,长 8～12 cm,宽 2～3 cm,缘具细锯齿,叶背沿脉及脉腋有毛。3 月上旬萌芽,4 月下旬展叶;4 月上旬开花,花单性,雌雄异株,柔荑花序。雄花着生于老枝叶腋,雌花着生于新枝顶端,花期 4～5 月;果长椭圆形,呈下垂总状果序,果序长 20～45 cm,果长 6～7 mm,果期 8～10 月;叶于 11 月中旬落叶,进入越冬期。

(二)生长习性

喜光,不耐荫,但耐水湿、耐寒、耐旱。深根性,主、侧根均发达,在深厚肥沃的河床两岸生长良好。速生性,萌蘖能力强;对二氧化硫、氯气等抗性强,对土壤要求不严,较喜疏松肥沃的沙质壤土,耐水湿;特喜生于湖畔、河滩、低湿之地。

二、枫杨树的繁育技术

枫杨树的优质苗木繁育技术主要采用播种育苗。

(一)采收种子

8 月下旬至 9 月上、中旬,当健壮母树上的翅果边缘变黄,种子成熟时,可用高枝剪,人工剪摘成串的果实,在晒场晾晒 2 ~ 3 天,同时要去除杂质,而后装袋干藏于室内的棚架上贮放保存。

(二)种子处理

1 月上旬至 3 月上旬,把种子放在水缸中,用 35 ~ 40 ℃温水浸种,浸泡 12 ~ 24 小时,作催芽处理(催芽的目的是促使播种后发芽早,幼芽出土整齐)。用温水浸种后,取出种子掺沙,用流水河中新采挖的沙两倍堆置于背阴处,同时覆盖草帘或麻袋布防止风干;到 2 月中旬再将种子倒至背风向阳处加温催芽,要经常翻倒,注意喷水保持湿度。

(三)整地作畦

3 月下旬至 4 月上旬,在选择育苗的大田里,播种前应进行细致整地,做到土碎地平,然后打畦,畦长 15 ~ 20 m、宽 1 ~ 1.2 m 即可。

(四)播种时间

3 月下旬至 4 月上旬,处理后的种子即有 20% ~ 30% 萌芽,此时即可播种。

(五)开沟播种

繁育苗木繁育要进行条播,行距 30 ~ 33 cm,株距 3 ~ 4 cm,沟深 3 ~ 6 cm,把种子播于沟内后要覆土踏实。播种量,每千克种子 12 000 粒左右,每亩地可播种 5 ~ 6 kg。

三、肥水管理技术

(一)幼苗管理

种子播前要灌足底水,播后覆土 2 ~ 3 cm,12 ~ 15 天幼苗即可出土。幼苗出土时,先长出子叶两枚,掌状四裂,初出土时黄色,不久变为绿色,长出单叶时为单叶,4 ~ 5 片以后再生者则为复叶。

(二)苗木生长期管理

苗木生长至 4～5 cm 高时,即人工及时间苗、定苗,并加强肥水管理,10 月上旬,一年生苗木可生长高达 1 m 以上,落叶后即可出圃造林或销售。另外,因枫杨具有主干易弯曲的特点,第一次移植行株距不可过大,以防侧枝过旺和主干弯曲,待苗高 3～4 m 时,再行扩大行株高,培养树冠。由于枫杨生长较快,一般培育 5～6 年即可养成大苗出圃。

(三)水肥管理

枫杨树苗木在幼龄期长势较慢,施充足的肥料可以加速植株生长。7～9 月可施用经腐熟发酵的农家肥作基肥,基肥需与栽植土充分拌匀,种植当年的 6～7 月追施一次复合肥,可促使植株长枝长叶,扩大营养面积,秋末结合浇冻水,施用一次农家肥,这次肥可以浅施,也可以直接撒于树盘。第二年 3 月萌芽后追施一次尿素,初夏追施一次磷、钾肥,秋末按第一年方法施用有机肥,第三年起只需每年秋末施用一次农家肥即可,但用量应大于第一年,有利提高植株的长势。

四、主要病虫害的发生与防治

(一)主要虫害的发生与防治

1. 主要虫害的发生

枫杨树的主要害虫为核桃扁金花虫、核桃缀叶螟等食叶害虫。6～9 月是发生危害严重期,它们危害时可致使叶片残缺不全或叶片孔洞卷曲。

2. 主要虫害的防治

6 月上旬至 9 月,不断加强防治。第一次在 5 月中旬至 6 月下旬,使用灭幼脲 3 号 1 500～2 000 倍液喷布树冠叶片预防虫害的发生;第二次在 7～9 月,当核桃扁金花虫、核桃缀叶螟等两种害虫发生危害时,应及时应用苯氧威 1 200～1 500 倍液或杀螟松 1 200～1 500 倍液喷洒叶片灭杀害虫,每隔 10～15 天喷药一次即可防治害虫,保护树木的正常健壮生长。

(二)主要病害的发生与防治

枫杨树的叶子具有一种特殊的气味,在苗木生长期,很少有病害发生。

第三部分　花果观赏树种

第三十八章　石榴

石榴树,又名石榴、花石榴,落叶灌木或小乔木。石榴树果实色泽艳丽,籽粒晶莹,甜酸多汁;树姿优美,花期长达数月,每年 5 ~ 6 月间繁花怒放,花色鲜艳,石榴是人们喜爱的水果之一;营养价值高,石榴树也是人们种植的观赏树木之一。主要用途:在园林绿化、城乡美化、道路绿化、庭园种植中广泛应用,是人们常见的观赏树种。石榴树集食用与观赏于一体,适应性广,抗病力强,易栽培。主要分布在我国河南、陕西、山东、江苏、安徽、浙江、北京等地。

一、形态特征与生长习性

(一)形态特征

石榴树,落叶灌木或小乔木,平均高 2 ~ 7 m;小枝圆形,顶端刺状,光滑无毛;叶对生或簇生,长倒卵形至长圆形,或椭圆状披针形,长 2 ~ 8 cm,宽 1 ~ 2 cm,顶端尖,表面有光泽,背面中脉凸起,小时候中间或前面会稍稍有些红色,但长大后便消失;有短叶柄;花 1 朵至数朵,生于枝顶或腋生,有短柄;花萼钟形,橘红色,质厚,长 2 ~ 3 cm,花瓣与萼片同数,互生,生于萼筒内,倒卵形,稍高出花萼裂片,通常红色,也有白、黄或深红色的,花瓣皱缩,因单瓣、重瓣的不同,而有几个变种,如白花石榴、黄花石榴、重瓣红花石榴等,花期 6 ~ 7 月;果期 9 ~ 10 月。

(二)生长习性

石榴树,喜光、耐寒、喜湿润、耐旱,土壤适应性强,在 pH 值 4.5 ~ 8.2 范围内的土壤中都可以生长。以沙藏或壤土为好。在过于黏重的土壤中栽植,果皮粗糙,着生黑斑,采前易裂果。黑土涝洼地,根系伸展困难,树势衰弱。地下水位高的沼泽地,植株延迟生长,影响越冬。光照不足时,果个小、产量低、风味淡、着色差,枝条细长不充实。石榴树的连续结果年限可长达 50 ~ 60 年,生长寿命长,石榴可自花授粉结实,大雾、降雨影响结果。既能生产果实,又可供观赏。

二、石榴树的繁育技术

石榴树的优质苗木繁育技术,主要采用种子育苗、种条扦插育苗和分株育苗等方法。为保证苗木品种纯正,石榴树的苗木育苗使用种条扦插育苗繁殖。

(一)种条采条

石榴树种条的采收时间为 1 ~ 2 月,选择在健壮、无病虫害、果实色泽艳丽等优良母株上采种。

(二)种条处理

1 ~ 3 月,人工剪取 1 ~ 2 年生枝,直径在 0.5 ~ 0.8 cm 以上的枝条,1 年生枝要剪除二次枝;2 年生枝可保留极短枝,按 15 ~ 20 cm 截为一段,枝条顶端距顶芽 1.0 cm 处平剪,下端剪成斜茬。50 根捆为一捆,集中埋入贮放沟内,用湿沙充灌保存。

(三)苗圃地的整理

3 月中旬,石榴树育苗地应选择通气性好的沙质壤土,以浇水、管理方便的地方为佳。同时,对苗圃地耕翻,每亩施入腐熟的农家肥2 500 ~ 5 000 kg,再进行耕翻 30 ~ 35 cm。为便于地块的整平和浇灌、操作,可先划分为许多小区,整平后打畦扦插。

(四)大田扦插

3 月中旬,先将截短的枝条放入清水中浸 10 ~ 20 小时。整好的畦内放上水。渗水后,按行距 40 ~ 45 cm、株距 20 ~ 25 cm 插入枝条。斜插,深度要求顶端的芽节与浇水面相平,然后全畦用地膜覆盖,使土壤保持较大的湿度。50 ~ 60 天生根成活。

三、肥水管理技术

(一)施肥浇水管理

4 ~ 6 月,新生苗木进入快速生长期,要加强追肥、浇水、松土。每亩追施入尿素 5 ~ 7 kg。对扦插种条苗,4 ~ 6 月是最易失水而死亡的关键时刻,必须人工确保土壤湿润与疏松。15 ~ 20 天浇水一次,浇水后进行划锄松土,既保墒,增加土壤透气性,又除掉了杂草。地膜覆盖处理的圃地,可于此期除膜,并松土除草。干旱时结合浇水进行。降雨后及时排水防止圃地内涝。

(二)覆膜苗圃地管理

覆膜扦插育苗的插条,3~4月发芽后,前期气温低,可让其在膜下生长。4月下旬以后,气温升高,插条芽梢伸长,为防止日灼伤害嫩芽,可于条上剪膜成孔,让嫩梢伸出膜外。先破膜炼梢放风1~2天后,再掀膜露梢。膜孔的四周用土压住地膜,防止风吹地膜拌动,损伤嫩梢。5月,拔掉密苗、弱小苗、畸形黄化苗,缺苗严重时进行补植。每亩留苗以6 000~7 000株为宜。

(三)新生幼苗管理

5~6月,新生幼苗应该疏株定梢,扦插苗萌发的嫩梢,只留一梢生长,多余的全部抹除,以集中养分促苗干。11~12月,对达不到出圃标准或不能用于栽植建园的短弱苗,可进行平茬处理。第二年再培育一年,成为壮苗后出圃销售。

四、主要病虫害的发生与防治

(一)主要虫害的发生与防治

1. 主要虫害的发生

石榴树的主要害虫是龟蜡蚧、刺蛾、桃蛀螟、红蜘蛛等。它们主要集中在石榴树生长期,1年多代,交替发生,危害枝干、叶片、果实等。7月,是龟蜡蚧若虫大发生期,为害石榴的枝、叶、果,吸取汁液并排出大量排泄物,溢布枝叶,引起大量煤污病菌的寄生,使枝叶和果实布满黑霉,影响光合作用,严重时导致幼果脱落。

2. 主要虫害的防治

4~7月,在龟蜡蚧、刺蛾、红蜘蛛等害虫发生期,人工及时喷布苦参碱1 000~1 500倍液。喷药后随即人工敲打树枝、震落虫体,效果很好。6月上中旬,桃蛀螟成虫喜欢在枝叶茂密的果实上和两个以上果实紧靠的地方产卵,其中以在果实的花萼和胴部产卵量多。初孵化的幼虫多在果柄、花萼筒内或胴部蛀入为害,并排出褐色颗粒状粪便,污染果内或果面。此期,喷洒 3% 高渗苯氧威乳油 2 500 ~ 3 000 倍液或 12% 苦烟乳油 1 000 倍液进行防治,效果显著。

(二)主要病害的发生与防治

石榴树的主要病害是干腐病、腐烂病。石榴树生长期危害枝干,影响树势生长。所以,3 月上旬,人工及时刮除干腐病斑,涂上 3 ~ 5 波美度石硫合剂或 40% 福美砷 50 倍液。3 月下旬,萌芽前,全面喷布一次 3 ~ 5 波美度石硫合剂加 1 000 倍洗衣粉,枝干、枝梢全部喷布均匀,可防治干腐病、腐烂病。7 月,喷布一次 50% 多菌灵可湿性粉剂 500 ~ 800 倍液防治枝梢干腐病即可。

第三十九章　板栗

板栗树,又名毛栗、栗,落叶果树。其树冠高大,枝繁叶茂,果实色泽鲜艳、营养丰富,是我国主要的木本粮食树种之一,很受人们喜爱。主要用途:板栗树生长迅速,管理简便,适应性强,抗旱、抗涝、耐瘠薄,在城市园林绿化、公园美化中广泛作为风景树种植;同时一年栽树,百年受益,既是优良的果树,又是绿化荒山荒滩的优良观赏、造林树种。主要分布在我国河南、山东、河北、黑龙江等地。

一、形态特征与生长习性

(一)形态特征

板栗树是较高大的乔木落叶果树。喜光照、适应性强、抗病虫害。叶椭圆至长圆形,长 10~16 cm,宽 6~7 cm,顶部短至渐尖,基部近截平或圆,或两侧稍向内弯而呈耳垂状,叶柄长 1~2 cm。单叶互生,薄革质,边缘有疏锯齿,齿端为内弯的刺毛状;叶柄短,有长毛和短绒毛;花单性,雌雄同株,雄花为直立柔荑花序,浅黄褐色;雌花无梗,生于雄花序下部,雌花外有壳斗状总苞,雌花单独或 2~5 朵生于总苞内,雄花花序长 10~20 cm,花 3~5 朵聚生成簇,雌花 1~3 朵发育结实,花期 4~6 月;果,总苞球形,外面生尖锐被毛的刺,内藏坚果 2~3 个,成熟时裂为 4 瓣。坚果深褐色,成熟壳斗的锐刺有长有短,有疏有密,密时全遮蔽壳斗外壁,疏时则外壁可见,壳斗连刺径 4.5~6.5 cm;坚果高 1.5~3.0 cm,宽 1.8~3.5 cm;果期 8~10 月。

(二)生长习性

板栗树,属乔木树种,喜光照;若光照不良,结果部位极易外移,产量低、效益差。板栗树的芽有叶芽、完全混合芽、不完全混合芽和副芽 4 种。叶芽只能抽生发育枝和纤细枝;完全混合芽能抽生带有雄花和雌花的结果枝;不完全混合芽仅能抽生带有雄花花序的雄花枝;副芽在枝条基部,一般不萌发,呈隐芽状态存在。而形成完全混合芽的当年生枝,称为结果母枝。板栗树的强壮结果母枝,长度在 13 ~ 16 cm 以上,较粗壮,枝的上部着生 3 ~ 5 个完全混合芽,结果能力最强。抽生出结果枝结果后,结果枝又可连续形成混合芽。这种结果母枝产量高、易丰产。弱结果母枝长 8 ~ 12 cm,生长较细,只能在顶部抽生 1 ~ 3 个结果枝,而且结果枝从结果部位处骤然细瘦,尾枝短,不能再形成完全混合芽。其饱满的混合芽着生在枝的下部。下一年由结果母枝的下部抽生结果枝、雄花枝和发育枝,而母枝的上部自然干枯。这种特点有利于控制结果部位的外移。板栗树的一年生枝,大都是芽内已分化完成的雏梢,因此除幼旺树或徒长枝外,多数为一次性生长,所以中上部芽眼饱满,而下部为弱芽。顶端优势明显,枝条的萌芽力较强而成枝力较弱。其易分枝,顶枝呈双叉、三叉式长枝,下部则为平行的小短枝。树势弱时,弱枝着生在二年生枝的顶端,不结果。认识了板栗树的特性,就知道如何科学管理了。

二、板栗树的苗木繁育技术

板栗树的优质苗木繁育技术是采用大田播种嫁接方法育苗。

(一)种子采收

9 ~ 10 月,板栗果实成熟期即可采收。板栗种子有四怕,即怕干,干燥后很容易失去发芽力;怕湿,过湿且温度高时,容易霉烂;怕冻,受冻种仁则易变质;怕破裂,种壳开裂极易伤及果肉,引起变质。因此,拾取栗种后,应立即入地窖或背阴处沙埋,其温度不高于 10 ℃,空气相对湿度保持在 50% ~ 70%。

(二)贮藏种子

1 ~ 2 月,大雪至小寒期间,在背阴高燥的地方,挖深 1 m,沟宽不超过 30 cm 的条沟贮放栗种。其方法如下:取出种子后用 3 ~ 5 倍体积的湿沙与种子拌匀,先在沟底铺放 10 cm 厚的湿沙,然后放入混合沙子的栗种,厚度为 40 ~ 50 cm,最后盖沙 8 ~ 10 cm。栗种含淀粉多,遇热容易发酵,冻后又易变质。因此,沟内的温度保持在 1 ~ 5 ℃ 为宜。寒冷季节,增加贮藏沟上的覆盖物,天气转暖后,及时去除覆盖物,并上下翻动种子,以达到温度均匀。贮藏时,还要防止雨雪渗入和沙子失水过干。

(三)种条贮条

为了来年嫁接苗木准备,1~2月,必须采集接穗,或结合修剪采自优良母株的接穗,一般是按 50~100 根捆成一捆,标明品种,竖放于贮藏沟内,用湿沙填充好。注意事项与种子贮藏相同。

(四)种子播种

3~4月上旬,当层积处理的种子发芽达 30% 左右时,即可进行播种。先整好宽 1~1.3 m、长 20~30 m 的畦面,按行距 40~45 cm,开深 7~8 cm 的播种沟,每畦 2~3 行。按株距 15~20 cm 点播。种子要平放,种尖向南为好,有利于出苗。播前沟内浇足底墒水,施入辛硫磷颗粒剂,亩用量为 2~3 kg。播后覆土 4~5 cm。为防止种子落干,可在覆土 4~5 cm 的基础上,再扶高 3~5 cm 的小平垄,7~10 天推平,种子即顶土出苗。1 kg 种子 200 粒左右,每亩用种量 100~120 kg。

(五)枝接方法

种子出来的苗木是实生苗,因而优劣差异很大,产量低。用嫁接苗定植,有利于提高板栗树的经济效益。

(1)劈接方法。3月下旬至4月上旬,是栗树枝接的有利时机。嫁接方法主要用劈接法。低部位嫁接后,可用培湿土堆的方法保证接口、接穗湿度。高部位嫁接的保湿方法可用套袋装土保湿或塑料条缠绑保湿,接穗的顶端断面蘸石蜡封顶,以提高成活率。具体操作可参照杏树劈接部分和栗园高接换头部分。

(2)芽接方法。利用板栗隐芽不萌发的特点,可延迟嫁接时间。发芽后一般可采用方块状芽接法。接后立即平茬,促使接口尽快愈合和接芽萌发。芽接一般在 9~10 月进行,栗树芽接的时间可比其他果树晚些进行。可采用方块形芽接法或"T"字形芽接法。"T"字形芽接的芽,以削成带木质部的厚芽片为好。这种接法芽眼不易干死,越冬能力强,成活率高。其他的操作方法与普通芽接相同。接后必须用塑料条绑扎。

三、肥水管理技术

(一)苗木嫁接的管理

5~6月,接苗长至30~35 cm时,立支架,防止风害。春季枝接苗40天左右,视愈合状况解除包湿物及绑缚物,并及时抹除砧木萌蘖,摘除苗梢上的花序。及时中耕,雨季来临之前的5月间,圃地中耕5~10 cm,并晒墒,一可疏松土壤,二可除掉杂草。

(二)施肥浇水管理

(1)4月上中旬,追施第一次速效肥料,此次追肥对促进枝叶的前期生长和雌花簇的分化、提高当年产量效果明显。以氮肥为主,每亩成龄树施标准化肥0.5~10 kg。密植园亩施标准化肥20~30 kg。同时,可施入速效磷肥,用量可为氮肥用量的1/2,最好与土肥一起在基肥中施入。追肥后要进行浇水,以充分发挥肥效。

(2)5月上旬,当年幼苗亩追尿素5~7 kg;留圃苗追施尿素20~25 kg,或碳酸氢铵50 kg,并结合浇水。

(3)6月,为提高坐果率,可于花前、花期、花后各喷布1次0.2%尿素+0.3%硼砂或0.3%磷酸二氢钾。花前、花后有虫害时可与杀虫剂混合一起喷布。

(4)追施壮果肥是板栗树的第二次追肥。7月上旬,追施速效完全的肥料,亩施标准氮肥14~15 kg、磷肥15~20 kg、钾肥9~10 kg,或果树专用肥40~50 kg。磷、钾肥对果实的发育有明显的作用。可结合夏季刨地中耕,施入草木灰100 kg。

(5)9~10月,板栗果实采收之后,抓紧基肥的施入。基肥的施用量为:每亩生产350 kg的板栗园,施农家肥3 500~5 000 kg、磷肥50~70 kg,与土粪混合施入。施肥的方法可用放射状条状沟或环状沟施。密植园则应于行间隔行沟施。深度为50~60 cm即可,注意开沟时避免伤根。施肥后立即灌水。

(三)苗木出圃

11~12月,封冻前,苗木出圃,并贮藏。苗木出圃时要避免伤根,尽量远离苗木刨苗,要深刨,保全根系。然后分级,捆成50株一捆,标记品种,假植贮放。贮放沟深 1 m 左右,宽 1.5 m 左右,长度视苗子多少而定。沟底先铺湿沙 10 cm,以捆状竖放于沟内,填充洼沙,埋沙厚度为 30 ~ 40 cm。

四、主要病虫害的发生与防治

(一)主要虫害的发生与防治

1. 主要虫害的发生

板栗树的主要害虫是球坚蚧、栗大蚜、叶螨、金龟子、象鼻虫、桃蛀螟、扁刺蛾、大袋蛾及红蜘蛛等,1 年多代,它们在板栗树生长期重叠发生危害,主要危害果实或叶片。

2. 主要虫害的防治

4 ~ 5 月,萌芽前,喷布 1 ~ 3 波美度石硫合剂,展叶后,喷布 0.3 波美度石硫合剂。主要防治球坚蚧、栗大蚜、叶螨等;施用 50% 敌百虫 50 倍液处理的毒饵,防治杂食性的金龟子、象鼻虫。7 ~ 8 月,喷布 1 500 倍 50% 敌敌畏 1 ~ 2 次,防治食叶的扁刺蛾、大袋蛾及红蜘蛛等。8 月下旬至 9 月中旬,对蛀果的栗实象鼻虫、桃蛀螟,可用 50% 辛硫磷 1 000 倍液或 2.5% 溴氰菊酯乳剂 2 500 倍液防治。

(二)主要病害的发生与防治

板栗树的主要病害是枝枯病、白粉病。它们在萌芽期或生长期发生危害,严重时致使枝梢干枯或叶片早期落叶,影响生长结果和产量。采取喷药防治,4 ~ 5 月,萌芽前,喷布 1 ~ 3 波美度石硫合剂;展叶后,喷布 3 ~ 5 波美度石硫合剂,防治板栗树的枝枯病。7 月上旬,是白粉病、枝枯病发生的主要时期,及时喷布 50% 托布津 1 000 倍液 1 ~ 2 次即可。

第四十章　银杏

银杏树,又名白果、公孙树,落叶乔木果树。其叶扇形,在长枝上散生,在短枝上簇生。球花单性,雌雄异株,种子核果状。银杏树,属于果树中的干果;属于林木中的用材树种、防护树种、抗病虫树种、长寿树种及耐污染树种。主要用途:银杏适应能力强,是速生丰产林、农田防护林、护路林、护岸林、护滩林、护村林、林粮间作及"四旁"绿化的理想树种。它不仅可以提供大量的优质木材、叶子和种子,而且具有绿化环境、涵养水源、防风固沙、净化空气、保持水土、防治虫害、调节气温、调节心理、药物药用等作用,是一个良好的造林、绿化和观赏树种。主要分布在我国河南、山东、江苏等地。

一、形态特征与生长习性

(一)形态特征

银杏树,落叶乔木果树。叶扇形,在长枝上散生,在短枝上簇生;球花单性,雌雄异株,4月上旬至中旬开花;果为核果状,雌株一般 20 年左右开始结实,500 年生的大树仍能正常结实。3月下旬至4月上旬萌动展叶,9~10月上旬果实成熟,10~11月落叶越冬。

(二)生长习性

银杏树,喜光树种,深根性,对气候、土壤的适应性较宽,能在高温多雨及雨量稀少、冬季寒冷的地区生长。喜温、光照,耐热、耐寒、耐瘠薄。土壤为黄壤或黄棕壤,pH 值 5~6。初期生长较慢,萌蘖性强。银杏树寿命长,我国有 3 000 年以上的古树。

二、银杏树的繁育技术

银杏树的优质苗木繁殖方法很多,在林果生产中,采用的方法有播种嫁接技术。

（一）采收种子

（1）种子选择。要选择优质良种、树体健壮的无病虫害的大树,作为种子母树采集树。

（2）种子采收。10月上中旬,当银杏果实外种皮由绿色变为橙黄色及果实出现白霜和软化特征时,即为最佳采收时期。此期可人工集中采收果实,采果要从树冠外部到内部,从枝梢到内膛一遍净摘果,尽量不要伤害枝梢,保证枝梢健壮完整,采收后的果实应集中堆放,以防散失,在采收果实时,存在采收期提早或延后现象,提早采收的果实质量次、产量低,并影响种子繁育能力,发芽率低;过晚采收果实,果实容易散失,也影响产量和经济效益等。

（二）种子处理

种子采收后,要把种子堆放于光照充足的地方,堆放厚度在20～35 cm,果实表面要覆盖些湿秸秆或湿草或湿麻袋,用于遮阳,防止日晒,3～5天后,果实外种皮腐烂,可人工除掉果实外种皮(用手搓揉或用脚轻轻踩一踩,手要戴上胶手套,脚要穿上长筒胶鞋,千万不要让腐烂的银杏果实外种皮接触皮肤,若接触皮肤会产生瘙痒,严重时会出现皮炎和水疱),去除外种子皮的果实迅速用清水冲洗干净。清洗后的种子应堆放在背阴、凉爽的地方,堆放的厚度为3～5 cm,3～5天后,可进行分选贮藏。

（三）种子贮藏

1. 种子分级

为了保证果品质量,需要将果实按果粒重、品质和外观情况进行分级,一级果实为每千克360粒,二级果实为每千克361～440粒,三级果实为每千克441～520粒,四级果实为每千克521～600粒,等外品为每千克601粒以上。分级后的果实可以及时上市销售。准备贮藏的商品果实或作种子贮藏的果实,应认真选种,选择种皮外观洁白有光泽、种仁淡绿色、摇晃无声音、投入水中下沉的优质种子,同时剔除嫩果、破壳果等。

2. 果实贮藏

银杏果实可在低温湿润的室内贮放,也可在1～3 ℃的冷库中冷藏或沙藏存放。但经过试验证明无论是作为商品果还是作为种子育苗果贮放果实,最佳贮藏果实的方法是沙藏。贮藏果实应选择干燥、背阴、凉爽的地方,挖宽 80 cm、深 100 cm 的坑(若贮藏量大,坑的长度可伸长),在坑的底部铺 10 cm 厚的湿河沙(沙的湿度为手握成团,手松即散,但不成流沙。河沙干净、卫生)。放入种子 20 cm,放一层 10 cm 厚的湿河沙(湿度同上),再放一层 20 cm 厚的种子,而后再铺 10 ~ 20 cm 厚的湿河沙,贮藏量大时每隔 1 m 插入一小捆玉米秸(5 ~ 8 棵)以便通气。日后随气温下降,增加盖沙的厚度,天气特别寒冷时,再覆 10 cm 厚的沙或土壤。同时,每隔 20 ~ 30 天检查 1 次,防止种子霉烂、干燥和鼠害。沙藏的果实作为种子繁育苗木时出芽率可达 93% 以上,并且出芽整齐一致;作为商用果品销售用果时,因果实鲜艳、质量好,效益更高。

(四)播种育苗

选择好苗圃并精耕细耙,在 3 月中旬进行点播,行宽 40 ~ 45 cm,株距 15 ~ 18 cm,播深 3 ~ 4 cm,覆土厚 3 ~ 4 cm;每隔 8 ~ 10 cm 播一粒种子,覆土后稍加镇压,用地膜相覆盖。每亩用量在 48 ~ 50 kg。

(五)嫁接苗木

3 月中旬,人工进行嫁接,用培育的 1 ~ 2 年生实生苗作砧木,剪取良种母树树冠外中上部 1 ~ 3 年生的粗壮果枝作接穗,每穗留 2 个饱满芽,接穗下端削成 2.5 ~ 3 cm 长的条形,呈内薄外厚状。砧木桩剪成 10 ~ 15 cm 高,上端剪除掉,选一光滑面,用刀向下劈,深度同接穗削面,将接穗对准形成层向下插紧,抹上湿泥土,再用塑料薄膜包扎紧。10 ~ 15 天后嫁接芽眼即可长出新芽。当天气干旱时,浇灌一次水,6 月中旬可以去掉嫁接口处的塑料薄膜,日后逐步加强肥水管理,培养成优质壮苗,可适时出圃销售。

三、肥水管理技术

(一)苗木生长期管理

4 月下旬,当幼苗长至 10 ~ 15 cm 高时,及时松土除草。同时,科学施肥,5 月中旬每亩施入复合化肥 20 kg,7 月中旬每亩再施复合肥

25～30 kg,施肥时以距离苗株5～10 cm为准,以免肥力烧伤苗木。在5～8月,土壤干旱时适时浇水,汛期应注意排涝。

(二)苗木移植大田

6～8月,新生的银杏苗木,当直径在5 cm以下时,可以裸根种植,6 cm以上一般要带土培。裸根栽植的苗木,当年是缓苗期,而带土坨的苗木当年能生长。小苗成行栽好后用水漫灌。而大树栽植,最好是栽前将坑中灌满水,待坑中水渗完后,将大树植入坑中捣实,让坑中的水返上来滋润根部。下次浇水宜在坑边挖引水沟盛满水,让水慢慢渗透到银杏的根部,以提高苗木的成活率。移栽苗木千万不要大水漫灌,很多人移栽银杏不成活,主要不是干死的,而是泡死的。因为银杏的根系呼吸量大,大水漫灌,使根系缺氧窒息而发不出新根,根系逐渐腐烂。有些银杏即使死了,它的叶子还能展开,甚至第二年、第三年还能发芽,但是叶子很小,待它体内的营养耗光了,它便不发叶了。这就是银杏的"假活"现象。而有些银杏种下后第一年不发叶,甚至第二年也不发叶,如果掐皮,会发现皮是新鲜的,枝条也不干缩,这种树不一定是死的,说不定第三年就能发出叶子来。这种现象又称为银杏的"假死"现象。确定银杏假死还是假活,不能光看叶,重要的是看根。所以,购买大苗,特别是从外购进的假植苗,一定要看根是否发黑,如果是,说明这苗是假活苗,再便宜也不能要。新鲜的苗应该是根的木质部发白,根皮略呈红色,和木质部紧贴。

(三)苗木技术管理

(1)修枝修剪。银杏一般不用修剪,因为银杏新梢抽发量少,即使是苗圃里的苗木,也应尽量保持多的枝叶,以利其加速增粗。将要出售苗木的前一年,将1.8 m以下的枝条剪去,经过一年的生长,可将剪口长满,表皮光滑,枝干直立。

(2)施肥中耕。银杏苗木在生长期,适当中耕可以改善土壤的通透条件。中耕对银杏的须根起到了修剪作用,可以刺激更多的须根萌发,中耕的次数为春、秋各一次即可;同时,7～9月追施2次复合肥,以促进苗木快速生长,提早成苗。银杏树可以根据叶用、材用、观赏等用途的不同,选择育苗的方法,如播种繁殖多用于大面积绿化用苗或制作丛株式盆景等。

四、主要病虫害的发生与防治

(一)主要虫害的发生与防治

1. 主要虫害的发生

一是银杏大蚕蛾。1 年发生 1 代。以幼虫取食叶片。初孵幼虫有群居习惯。1～2 龄幼虫能从叶缘取食,但食量很小,4 龄后分散损害,食量渐增,5 龄后进入暴食期,可将叶片全体吃光。二是桃蛀螟。1 年发生 1 代。幼虫孵化后先做短距离爬行,后蛀入种核内损害,将种核全体吃光或只剩下一部分,1 头幼虫 1 生只取食 1 个种实。三是枯叶夜蛾。以成虫吸食果实汁液,银杏果实受害 3～10 天内即脱落。卵多产于通草、十大功绩等寄主的叶背上,幼虫老熟后入土室化蛹。

2. 主要虫害的防治

对银杏大蚕蛾,8～9 月,用黑光灯诱杀成虫。在幼虫 3 龄前摘除群集损害的叶片。发生严重时,在低龄幼虫期喷洒 2% 溴氰菊酯 2 500 倍液或 90% 敌百虫 1 500～2 000 倍液。对桃蛀螟,在第 1 代成虫羽化时用 80% 敌敌畏 1 000 倍液防治。卵孵化盛期可喷洒 40% 杀螟松 1 000倍液,7 天后喷第 2 次药,杀灭卵孵幼虫。枯叶夜蛾以成虫吸食果实汁液,银杏果实受害 3～10 天内即脱落。及时铲除银杏周围的通草寄主植物。5 月初至 6 月中旬,喷洒 50% 敌百虫 500 倍液,10 天后再用药 1 次,黄昏用药效果最佳。

(二)主要病害的发生与防治

银杏树的主要病害是茎腐病,该病主要损害 1～2 年生幼苗,高温条件下,是引诱茎腐病的主要原因。在高温下苗木受损害,抗病性减弱,病菌滋生快,从苗木伤口侵入,引起病害发生。另外,苗圃地低洼积水,苗木生长不良容易发病。在 6～8 月天气延续燥热时发病重。提早播种,在高温季节来临之前提高幼苗木质化程度,加强对茎腐病的抵挡力,并进行苗圃泥土消毒,恰当遮阴,及时灌溉。在发病初期用 50% 甲基托布津 1 000 倍液进行防治。

第四十一章　花椒

花椒树,落叶小乔木。花椒金秋红果美丽,是重要的香料树种。主要用途:在园林绿化、公园美化、山坡郊区"四旁"、美丽乡村绿化美化建设中都可以种植,也可以作刺篱。主要分布于我国河南、山西、辽宁、河北、陕西至长江流域各地,西南各地有栽培,华北、西北南部、四川是主要种植生产区。

一、形态特征与生长习性

(一)形态特征

花椒树,落叶小乔木。平均高 5 ~ 7 m,或灌木状。枝具宽扁而尖锐的皮刺;小叶卵形、卵状矩圆形或椭圆形,先端尖,基部近圆或宽楔形,锯齿细钝,叶轴有窄翼。圆锥花序顶生,花期 3 ~ 4 月;果熟期 7 ~ 10 月。

(二)生长习性

花椒树,喜光,遮阴下生长细弱,结实少。有一定耐寒性,不耐严寒,幼苗在约 - 18 ℃时受冻害,15 年生植株在 - 25 ℃低温时常被冻死,北方常种植在背风向阳处。喜深厚肥沃、湿润的沙壤土或钙质土,对土壤 pH 要求不严。过分干旱瘠薄时生长不良,忌积水。根系发达,萌芽力强,耐修剪。通常 3 ~ 5 龄开始结果,10 龄后进入盛果期,寿命长。花椒树喜温、怕冷,适宜在深厚肥沃的土地上生长。它的经济价值很高,果皮是医药上的重要原料,也是有名的调味香料,种子可以榨油,饼能作肥料。花椒树还可作篱笆,美化环境,是很好的经济作物。

二、花椒树的繁育技术

花椒树的优质苗木繁育方法主要采用播种繁殖。

（一）种子的采收与贮藏

8~9月，当花椒种皮发红、种子发黑，有芳香的花椒气味时，即达到成熟，可人工采集种子，将种子与壳分离后，把种子放在背阴处晾干，进行贮藏备用。种子采收后，种子宜室内晾干，切勿暴晒。

（二）种子的贮藏

（1）沙藏方法：是在背风向阳、排水良好的地方，挖深70~80 cm，肚大口小的土坑，将1份种子和3份湿沙（马粪最好）混合均匀后，放入坑内，上面覆土10~15 cm，堆成丘形，以防雨水浸入。第2年春季取出播种。

（2）牛马粪贮藏方法：少量育苗用种子时，可将种子混入牛粪或黏土泥浆中，堆到墙角或贴到墙上，次年打碎粪块，连种子一起播入土壤内。

（3）水浸处理方法：如果未经处理，播种前将种子用水浸泡后，同草木灰搅在一起，进行揉搓，去掉种皮蜡质，即可下地播种育苗。

（三）种子播种

3月中旬至4月上旬，在已经整好的苗圃地上，做成10~15 cm长、1 m宽的平畦，每畦开沟3~5行，沟深1.5~2 cm，然后将种子均匀放入沟内，覆土后轻轻镇压，每亩播种量为4.5~5 kg。播种量每亩一般为15~20 kg。

三、肥水管理技术

3~4月，幼苗出土前，要经常浇水，保持表土湿润。幼苗生长到5~6 m高时，进行间苗，8~10 m远留一株。要做到及时中耕、拔草、追肥、治虫、浇水，促使苗木健壮生长。苗木长到20~30 m高时，即可出圃栽植或销售。

四、主要病虫害的发生与防治

（一）主要虫害的发生与防治

1. 主要虫害的发生

花椒树的主要害虫是柑橘凤蝶，别名花椒凤蝶、黄凤蝶、橘凤蝶、黄菠萝凤蝶、黄聚凤蝶。河南 1 年发生 3 代,以蛹在枝上、叶背等隐蔽处越冬。成虫白天活动,善于飞翔,中午至黄昏前活动最盛,喜食花蜜。卵散产于嫩芽上和叶背,卵期约 7 天。幼虫孵化后先食卵壳,然后食害芽和嫩叶及成叶,共 5 龄,老熟后多在隐蔽处吐丝作垫,以臀足趾钩抓住丝垫,然后吐丝在胸腹间环绕成带,缠在枝干等物上化蛹(此蛹称缢蛹)越冬。为害特点:幼虫食芽、叶,初龄食成缺刻与孔洞,稍大时常将叶片吃光,只残留叶柄。苗木和幼树受害较重。

2. 主要虫害的防治

一是人工捕杀幼虫和蛹。二是保护和引放天敌。为保护天敌,可将蛹放在纱笼里置于园内,寄生蜂羽化后飞出再行寄生。三是药剂防治。可用每克 300 亿孢子青虫菌粉剂 1 000 ~ 2 000 倍液或 90% 敌百虫晶体 800 ~ 1 000 倍液或 80% 敌敌畏或 50% 杀螟松 1 000 ~ 1 500 倍液,于幼虫期喷洒。

(二)主要病害的发生与防治

1. 主要病害的发生

花椒树的主要病害是白粉病。白粉病发生在叶、嫩茎、花柄及花蕾、花瓣等部位,初期为黄绿色不规则小斑,边缘不明显。随后病斑不断扩大,表面生出白粉斑,最后该处长出无数黑点。染病部位变成灰色,连片覆盖其表面,边缘不清晰,呈污白色或淡灰白色。受害严重时叶片皱缩变小,嫩梢扭曲畸形,花芽不开。

2. 主要病害的防治

一是可用 15% 粉锈宁可湿性粉剂 0.05% ~ 0.067% 溶液喷雾防治。二是及时摘除病叶,集中烧毁或深埋。三是发病季节喷托布津可湿性粉剂,每 10 ~ 15 天喷 1 次,连喷 3 次,或发病时可用 50% 多菌灵 300 ~ 400 倍液或 50% 甲基托布津 300 ~ 400 倍液防治。

第四十二章　红叶李

　　红叶李树,又名紫叶李,落叶小乔木。红叶李树的叶常年呈红紫色,春秋更艳,是重要的观叶树种,是很受人们喜爱的观赏树种。主要用途:在园林绿化中常孤植、丛植于草坪、行道路旁、街头绿地、居民新村,也可配置在建筑前,但要求背景颜色稍浅,才能更好地衬托丰富的色彩。更宜与其他树种配置,达到"万绿丛中一点红"的效果。红叶李树是樱李的变型。主要分布在我国河南、山东、江西、浙江等地,华北应选背风向阳处栽培。

一、形态特征与生长习性

(一)形态特征

　　红叶李树,落叶小乔木,平均高 5 ~ 8 m。枝、叶片、花萼、花梗、雄蕊都呈紫红色。叶卵形至椭圆形,重锯齿尖细,背面中脉基部密生柔毛;花单生叶腋,淡粉红色,径约 2.5 cm,花期 4 ~ 5 月,与叶同放;果球形,暗红色,果熟期 7 ~ 8 月。

(二)生长习性

　　红叶李树,喜光,光照充足处叶色鲜艳。喜温暖湿润气候,稍耐寒,在北京栽培幼苗须保护过冬。对土壤要求不严,可在黏质土壤中生长,根系较浅,生长旺盛,萌芽力强。

二、红叶李树的繁育技术

　　红叶李树的优质苗木繁育技术主要采用嫁接繁殖,用桃、李、杏、梅或山桃作砧木,应适当修剪长枝,以保持树冠圆满。以山桃作砧木繁育技术介绍如下。

(一)砧木种类的选择

　　砧木的优劣对桃树的生长和结实影响极大,要培育优良苗木,必须选择适合当地自然条件的砧木。桃树的砧木一般采用山桃和毛桃,山区宜用山桃,平原宜用毛桃,杏和李也可作为桃树的砧木。

(二)砧木种子的采集

繁殖砧木苗所用的种子最好在生长健壮、无病虫害的优良母株上采集。果实必须充分成熟,种仁饱满方可采收,因为未成熟的种子种胚发育不完全,内部营养不足,生活力弱,发芽率低,影响出苗,故不宜采用。将采摘成熟后的果实去除果肉,取出种子,放在通风背阴处晾干,且不可日晒。待种子充分阴干后装入袋内,放通风干燥的屋内贮藏。

(三)种子的层积处理

1. 种子采收后的处理

种子采收以后,必须经过一定时间的后熟过程,才能萌发芽眼。其后熟过程需要一定的温度、水分和空气条件,如果环境条件不适宜,则后熟过程进行缓慢或停止。对种子进行层积处理是最常用的一种人工促进种子后熟的方法,因此春播的种子必须在播种前进行层积处理,以保证其后熟过程顺利进行。

2. 种子处理方法

种子层积处理的方法是先将细沙冲洗干净,除去种子中的有机杂质和秕粒,以防引起种子霉烂,一般采用冬季露天沟藏。选择地势较高、排水良好的背阴处挖沟,沟深 60 ~ 90 cm,长宽可依种子多少而定,但不宜过长和太宽。沟底先铺一层湿沙,然后放一层种子,再铺一层湿沙,再放一层种子,层层相间存放,沙的湿度以手握成团而不滴水为宜。当层积堆到离地面 8 ~ 10 cm 时可覆盖湿沙达到平面,然后用土培成脊形。沟的四周应挖排水沟,以防雨雪水侵入,沟中每隔 1.5 m 左右,竖插一捆玉米秸,以利透气。在沙藏的后期应注意检查 1 ~ 2 次,上下翻动,以通气散热,沟内温度保持在 0 ~ 7 ℃为宜,如果沙子干燥,应适当洒水,增加湿度。如果发现有少量霉烂的种子,应立即剔除,以防蔓延。

(四)播种前的准备

(1)苗圃地整理。苗圃地应在秋季进行深翻熟化。一般深翻 25 ~ 30 cm。同时每亩施入粗肥 5 000 kg 左右,以增加活土层,提高肥力。在播种前要培垄作畦,垄距 48 ~ 58 cm,高 12 ~ 16 cm,尽量要南北向,以利于受光。垄面要镇压,上实下松。干旱地区,做垄后要灌足水,待水渗下后再播种。

(2)浸种催芽。浸种可使种子在短时间内吸收大量水分,加速种子内部的生理变化,缩短后熟过程。特别是未经层积的种子,播种前必须浸种,以促使萌发,经过沙藏但未萌动的种子,再经浸种,萌发更快。浸种方法有冷水和开水两种。冷水浸种是将种子放在冷水中浸泡 5 ~ 6 天,每天换水,待种子吸足水后即可播种。如播种时间紧迫,种子又未经沙藏,可把种子进行开水浸种,将种子在开水中浸没半分钟,再放在冷水中泡 2 ~ 3 天,待种壳有部分裂口时即可播种,但应注意切勿烫伤种胚。此外,也可将硬壳敲开,利用种仁播种。

(五)播种时期与方法

桃的播种时期可分为秋播和春播。秋播是在初冬土壤封冻以前进行的,此时播种,种子不需要沙藏,直接可以播种,且出苗早而强壮;春播则在早春土壤解冻时进行,必须用经过层积处理的种子,在整好的苗圃地上按一定株行距点播,每垄可播两行,按行距 25 ~ 30 cm 开沟,株距 12 ~ 15 cm 点种。为了利于幼苗生长,种子应尽量侧放,使种尖与地平行,覆土厚度为种子直径的 2 ~ 3 倍,覆土后稍镇压,每亩种量 40 ~ 50 kg。

(六)播种后的管理

在风大、干旱地区,播后应盖稻草,以保墒防风,便于幼苗出土。当土壤过干,幼芽不能出土时,一般不宜浇蒙头大水,最好用喷壶勤喷水,或勤浇小水,直至出苗。当有 20% 左右的幼苗出土时,可去除覆盖物。在幼苗出现 3 ~ 4 片叶时,如过密应进行间苗移栽,株距以 18 ~ 20 cm 为宜,移植前两天浇水或在阴雨傍晚移栽,严防伤害苗根。

在幼苗生长过程中要随时进行浇水、中耕除草和防治病虫害,经常保持土松草净、墒情好,在 5 ~ 6 月间结合浇水,每亩可追施硫铵 10 kg,以促其生长,使其尽早达到嫁接标准。

(七)苗木嫁接

(1)春季嫁接。2 月中旬至 4 月底,此时砧木水分已经上升,可在其距地面 8 ~ 10 cm 处剪断,用切接法嫁接上品种接穗即可。此法成活率最高。

（2）夏季嫁接。5 月初至 8 月上旬,此时树液流动旺盛,桃树发芽展叶,新生芽苞尚未饱满,是芽接的好时期。可在生长枝或发芽枝的下段削取休眠芽作接穗,在砧木距地面 10 cm 左右的朝阳面光滑处进行芽接。15 天后,接口部位明显出现臃肿,并分泌出一些胶体,接芽眼呈碧绿状,就表明已经接活。2 ~ 3 天后,在接口上部 0.5 cm 处向外剪除砧干(剪口呈马蹄形,以利伤口愈合)。待新梢长到 6 cm 左右时,插支撑柱,缚好新梢,引导其向上方生长。若没有嫁接成活,迅速进行二次嫁接即可。

三、肥水管理技术

（一）施肥浇水

4 月上旬,结合浇花前水,每亩施入尿素 25 ~ 30 kg,以提高花期营养水平。追肥浇水,小幼苗定苗后,每亩追尿素 7 ~ 10 kg,嫁接苗每亩追尿素 20 kg。

（二）追肥浇水

8 ~ 9 月,苗木进入快速生长期,及时补追速效肥料,有利树势的恢复。尤其是对结果量多、树势较弱的李树,必须进行追肥,以恢复树势,充实花芽。每株结果树施入 0.5 ~ 1 kg 尿素或磷酸二铵。结果多的多施,结果少的少施,不结果的可不施。旺树不施或少施,弱树要多施。

10 月,落叶期,养分回流根部,是根系的发生高峰期。此时施肥,断根易于恢复。基肥要求深施于 35 ~ 40 cm 处,采取环状沟施或辐射状沟施。施入农家肥作基肥,每亩 2 500 kg,干旱年份施肥结合灌水。

除草追肥:夏季草生长快,应及时清除。高温季节是一年中苗木生长最快的时期,可分别于 6 月中旬、7 月中旬追施速效化肥。亩用碳铵 50 ~ 60 kg、尿素 20 kg、磷酸二铵 25 kg。

四、主要病虫害的发生与防治

（一）主要虫害的发生与防治

1. 主要虫害的发生

红叶李树的主要害虫是枯叶蛾、苹果巢蛾、黄斑卷叶蛾、金毛虫、天幕毛虫、刺蛾、叶蝉、金龟子、球坚蚧、桑白蚧等,它们1年发生多代,5~8月是发生盛期,交替或重叠为害红叶李树苗梢叶,致使枝叶残缺不全,影响树势和美观。

2. 主要虫害的防治

(1)3月中旬,喷布3~5波美度石硫合剂,防治李树的球坚蚧、桑白蚧。球坚蚧的越冬若虫3月上中旬恢复活动能力,寻找适当场所固着为害。桑白蚧的雌虫和卵也开始活动。因此,此时是一年中防治蚧类的关键时机。5~6月,苗木快速生长期的害虫主要是金龟子等,可喷布90%敌百虫1 000~1 500倍液,或撒用30~50倍敌百虫处理的毒饵。

(2)6~7月,为害李苗梢叶的害虫有枯叶蛾、苹果巢蛾、黄斑卷叶蛾、金毛虫、天幕毛虫、刺蛾等,发生后喷布50%敌敌畏乳剂800~1 000倍液,在5月下旬至6月上旬,向地面喷洒杀灭菊酯2 500~3 000倍液,或溴氰菊酯4 000倍液,可防治金毛虫、天幕毛虫、刺蛾、叶蝉为害。

(二)主要病害的发生与防治

4月是新生苗木的主要病害立枯病发生期。幼苗出土后,根颈部发生水渍状病斑,幼苗很快死亡。除播种前亩施硫酸亚铁50 kg进行土壤处理外,发现病株,可喷布70%甲基托布津1 000倍液。在发病处撒施草木灰,也有防治效果。发现严重病害时,要及时喷70%甲基托布津800~1 000倍液,或50%多菌灵600~700倍液防治。

参考文献

[1] 万少侠.林果栽培管理实用技术[M].郑州:黄河水利出版社,2013.

[2] 万少侠,张立峰.落叶果树丰产栽培技术[M].郑州:黄河水利出版社,2015.

[3] 河南省经济林和林木种苗工作站.河南林木良种[M].郑州:黄河水利出版社,2008.

[4] 谭运德,裴海潮,申洁梅,等.河南林木良种(三)[M].北京:中国林业出版社,2016.

编 后 语

优良绿化树种,在当前风景区建设、园林绿化、城乡美化中广泛应用,尤其是在造林绿化中,优质苗木供不应求;同时,优质绿化树苗木,在全国林业生态资源保护建设中,以及其经济效益、社会效益有着举足轻重的无可替代的作用。优质绿化种苗是生态建设和林业发展的重要基础,其质量的好坏直接影响造林成效和森林质量。提高林木种苗质量,不但能提高单位面积林地的生产力,还能保证造林质量,有效增进森林健康,增强林木抵抗自然灾害的能力。为了加强优良绿化树种苗木管理,提高苗木质量,培养品种纯正健壮的绿化苗木,培育出更多、更好的优质壮苗,以满足现代化林业生态建设的高速度、高质量发展植树造林和城市、乡村绿化美化的需要,我们组织园林、林业、农业、水利等具有丰富的专业技术经验的专家、技术人员等编写了本书,对当前在城乡一体化建设中,具有速生、快长、抗病虫、绿化效果美观、经济价值高等作用的优质绿化树种与繁育技术进行介绍。

本书主要参加编写人员为:许洪,男,平顶山市园林绿化管理处,工程师;熊小娟,女,湖北省省直绿化中心,工程师;崔海霞,女,河南省淮阳县林业技术指导站,工程师;朱慧慧,女,河南省淮阳县林业技术指导站,工程师;张旭亚,男,河南省扶沟县林业科学研究所;何凤珍,女,河南省新蔡县林业技术推广站,高级工程师;刘宏伟,男,驻马店市园林绿化管理处,高级工程师;赵玲,女,河南省平舆县玉皇庙乡农业服务中心,林业工程师;李艳昌,男,平顶山市林业技术推广站,工程师;张爱玲,女,平顶山市园林绿化管理处,高级工程师;冯蕊,女,平顶山市白龟山湿地自然保护区管理中心,林业工程师;万一琳,女,东北林业大学林学院,在读大学生;闫慧峥,男,河南省偃师市环卫绿化养护中心,工程师;梁彩霞,女,平顶山市园林绿化管理处,高级工程师;李红梅,女,河南省舞钢市八台镇中心校,中小学一级教师;师玉彪,男,河南省汝阳县刘店镇农业服务中心,农艺师;王玉红,女,河南省舞钢市林业局,林业助理工程师;许会云,女,河南省舞钢市林业局,林业助理工程师;冀小菊,女,上蔡县林业局林业技术推广站,工程师;朱克斌,男,平顶山市农田水利技术指导站,水利高级工程师;魏亚利,女,平顶山市园林绿化管理处,工程师;徐英,女,平顶山市园林绿化管理处,工程师;李辉,男,平顶山市园林绿化管理处,工程师;刘春隔,女,河南省确山县乐山林场,工程师;裴春霞,女,河南省确山县乐山林场,工程师;岳继贞,女,河南省确山县乐山林场,工程师;胥文锋,男,河南省确山县乐山林场,工程师;詹志伟,男,河南省国有鲁山林场,工程师;张耀武,男,河南省南阳市园林局,高级工程师;吕淑敏,女,平顶山市农业干部学校,高级农艺师;葛岩红,男,河南省舞钢市科学技术协会,工程师;王彩云,女,河南省舞钢市林业工作站,助理工程师;院宗贺,男,河南省舞钢市林业局,助理工程师;任素平,女,河南省舞钢市林业局,助理工程师;方圆圆,女,驻马店市林业局林业技术推广站,工程师;肖建中,男,河南省平舆县玉皇庙乡农业服务中心,工程师;崔乾,男,平顶山园林绿化管理处,工程师;方伟迅,男,平顶山园林绿化管理处,高级工程师;马元旭,男,河南省安阳市道路绿化管理站,高级工程师;董建军,男,河南省禹州市林场,工程师;靳聪聪,女,河南省禹州市林场,助理工程师;梁银,女,河南省上蔡县五龙镇农业服务中心,工程师;杨黎慧,女,河南省舞钢市国有林场,工程师;卢慧敏,女,河南省舞钢市图书馆,助理工程师;杨俊霞,女,平顶山市园林绿化监察大队,工程师;刘小平,女,平顶山市白龟山湿地自然保护区管理中心,林业高级工程师;刘银萍,女,平顶山市林业局种苗站,高级工程师;雷超群,男,河南省舞钢市国有林场,高级工程师;孙丰军,男,河南省舞钢市尹集镇农业服务中心,工程师;谷梅红,女,河南省遂平县林业技术推广站,工程师;冯伟东,男,河南省舞钢市林业工作站,工程师;张智慧,女,河南省舞钢市林业工作站,工程师;胡彦来,男,河南省舞钢市林业工作站,工程师;王凌云,男,舞钢市凌云家庭农场有限公司,总经理;杨中会,女,河南省鲁山县一高,中教二级;王殿伟,男,河南中艾蜜康物联网科技有限公司,董事长;万少侠,男,河南省舞钢市林业工作站,教授级高级工程师;张再仓,男,河南省舞钢市林业局,工程师;张华敏,男,平顶山市农业科学院,助理研究员;王晓芸,女,河南省舞钢市林业局,助理工程师;朱志刚,男,河南省舞钢市林业局,助理工程师;温全胜,男,河南省舞钢市畜牧局,工程师;岳寨寨,男,河南省舞钢市蜂业协会,会长,工程师;张化阁,男,河南省硕士葡萄农业开发有限公司,工程师;王奎明,男,河南省舞钢市王楼生态农业有限公司,农艺师;郝良磊,男,河南省范县扶贫开发办公室。

图书在版编目(CIP)数据

优良园林绿化树种与繁育技术/万少侠,刘小平主编.—郑州:黄河水利出版社,2018.6

ISBN 978 - 7 - 5509 - 2074 - 3

Ⅰ.①优… Ⅱ.①万… ②刘… Ⅲ.①园林树木 - 树种 - 育苗 Ⅳ.①S680.4

中国版本图书馆 CIP 数据核字(2018)第 147291 号

组稿编辑:崔潇菡　电话:0371 - 66023343　E-mail:cuixiaohan815@ 163. com

出 版 社:黄河水利出版社　　　　　　　　　网址:www. yrcp. com

地址:河南省郑州市顺河路黄委会综合楼 14 层　邮政编码:450003

发行单位:黄河水利出版社

发行部电话:0371 - 66026940 、66020550、66028024、66022620(传真)

E-mail:hhslcbs@ 126. com

承印单位:河南匠心印刷有限公司

开本:787 mm × 1 092 mm　1/16

印张:11　　　　　　　　　　　插页:4

字数:166 千字　　　　　　　　　印数:1—2 000

版次:2018 年 6 月第 1 版　　　　　印次:2018 年 6 月第 1 次印刷

定价:36. 00 元